Tielu Waibu Huanjing Anquan Guanli

铁路外部环境安全管理

中国铁路广州局集团有限公司 组织编写

张文仁 主编

人民交通出版社

北京

内 容 提 要

本书依据相关法律法规,系统阐释铁路外部环境安全管理的有关规定、要求和标准。本书共分基础管理、隐患治理、专项管理、支撑保障及典型案例5篇。基础管理篇介绍了铁路外部环境安全管理的基本概念与原则、组织机构与职责分工以及分级分类管理;隐患治理篇细化了18类隐患的排查整治方法;专项管理篇重点介绍了道口安全、立交桥移交等关键环节的管理要求;支撑保障篇介绍了联席会议制度、“双段长”工作责任制及信息化管理工具;典型案例篇汇集了20类典型整治案例。附录为依据的法律法规与标准规范目录。

本书可作为从事铁路外部环境安全管理技术人员的培训用书,也可供铁路单位相关部门的管理人员参考借鉴。

图书在版编目(CIP)数据

铁路外部环境安全管理 / 张文仁主编. — 北京 : 人民交通出版社股份有限公司, 2025. 6. — ISBN 978-7-114-20506-4

Ⅰ. X731

中国国家版本馆 CIP 数据核字第 2025HN2362 号

Tielu Waibu Huanjing Anquan Guanli

书　　名:**铁路外部环境安全管理**
著 作 者:张文仁
责任编辑:谢海龙　刘国坤
责任校对:赵媛媛
责任印制:张　凯
出版发行:人民交通出版社
地　　址:(100011)北京市朝阳区安定门外外馆斜街3号
网　　址:http://www.ccpcl.com.cn
销售电话:(010)85285857
总 经 销:人民交通出版社发行部
经　　销:各地新华书店
印　　刷:北京市密东印刷有限公司
开　　本:787×1092　1/16
印　　张:11.25
字　　数:220千
版　　次:2025年6月　第1版
印　　次:2025年6月　第1次印刷
书　　号:ISBN 978-7-114-20506-4
定　　价:65.00元
(有印刷、装订质量问题的图书,由本社负责调换)

编 委 会

前言

铁路作为国家战略性、先导性、关键性重大基础设施，是国民经济大动脉、重大民生工程和综合交通运输体系骨干，在经济社会发展中的地位和作用至关重要。铁路安全是国家安全、公共安全的重要领域，事关党和国家工作大局。铁路沿线安全环境直接关系铁路运输安全畅通和人民群众生命财产安全，加强铁路外部环境安全管理，是认真贯彻落实习近平总书记关于铁路安全工作重要指示批示精神和党中央有关重大决策部署的迫切需要，是保障铁路安全、推进交通强国战略和全面构建现代化铁路安全保障体系的重要体现，也是扎实为群众办实事的重要举措。

为深入贯彻总体国家安全观，深化铁路安全基础建设和安全生产治本攻坚，常态化开展铁路沿线安全环境治理工作，方便广大干部员工学习和掌握铁路外部环境安全管理工作要求及相关法律法规标准规范，全面提高铁路运输企业对铁路沿线的安全保障能力和管理水平，中国铁路广州局集团有限公司组织编写了本书。

本书依据相关法律法规，系统阐释了铁路外部环境安全管理的有关规定、要求和标准，并通过典型案例进行剖析，可作为从事铁路外部环境安全管理技术人员的培训用书，也可供相关部门的管理人员参考借鉴。

因时间和水平有限，书中不妥和疏漏之处，敬请广大读者批评指正。请有关单位(部门)在执行过程中，将发现的问题和意见，及时反馈给中国铁路广州局集团有限公司安监室，以便修订时参考。

本书编委会

2025 年 3 月

目录

第一篇　基础管理

第二篇　隐患治理

第三篇 专项管理

第五篇 典型案例

第一篇　基础管理

1 基本概念与原则

1.1 铁路外部环境安全管理的概念

铁路外部环境安全管理是指依据国家法律、行政法规、地方性法规、国务院部门规章和地方政府规章(包括规范性文件)、国家标准、行业标准以及铁路安全保护要求,对铁路沿线一定范围内可能影响铁路运输安全的问题实施有效管控。

1.2 管理原则与责任体系

铁路外部环境安全管理工作应遵循安全第一、预防为主、综合治理的方针,以高铁和客车径路安全为重点,统筹路内外资源力量,不断完善人防、物防、技防措施,坚持预防为主、源头治理、超前防范,有效防范化解“灰犀牛”“黑天鹅”事件,强化依法治理,着力打造可防范、可预警的铁路沿线安全环境。

铁路企业承担产权范围内治理责任,发现非铁路产权范围内影响铁路安全的隐患,应及时向地方人民政府和有关部门报告,并协调推进隐患的整治和配合工作。

铁路任何单位和个人都有义务保护铁路安全,有权制止威胁铁路运输安全的行为并向有关部门报告。

1.3 法规政策依据

铁路外部环境安全管理的法规政策依据主要包括国家法律法规、部门规章和地方性条例,旨在规范铁路沿线环境行为,明确各方责任,保障铁路运输安全。其中,《中华人民共和国铁路法》《铁路安全管理条例》和《中华人民共和国安全生产法》构成了核心法律框架,明确铁路安全保护区管理、禁止行为及各方责任。部门规章如《铁路外部环境安全管理办法》(铁安监〔2020〕173 号)细化高速铁路防护要求,强调“技防、物防、人防”结合,而“双段长”工作责任制则推动路地协同治理。地方性法规结合地方实际,作为补充管控。

2 组织机构与职责分工

2.1 组织机构

铁路外部环境安全管理工作坚持领导负责、分工负责、专业负责、岗位负责,实行铁路局集团公司、站段、车间三级管理。

铁路局集团公司成立铁路外部环境安全管理工作领导小组(以下简称领导小组),总经理任组长,分管安全副总经理任常务副组长,其他相关副总经理任副组长,铁路局集团公司安监室、保卫部(护路联防办)、工务部、电务部、供电部、运输部、客运部、土房部、货运部、机务部、车辆部、经开部、建设部、企法部等部室主要负责人为组员,主要负责贯彻落实国家、中国国家铁路集团有限公司(以下简称国铁集团)外部环境安全管理工作要求,加强对铁路局集团公司外部环境安全管理工作的组织领导;建立健全铁路外部环境安全管理制度,协调推动铁路外部环境安全隐患治理工作。

领导小组下设办公室,设在安监室,负责制定铁路局集团公司铁路外部环境安全管理实施细则,督促并协调管内有关部门和单位开展外部环境安全隐患排查整治工作,负责牵头协调地方人民政府及有关部门、铁路监督管理部门开展铁路外部环境综合治理工作。

2.2 主要职责分工

(1)安监室负责领导小组办公室日常管理工作;负责外部环境安全综合监督,检查各系统、单位外部环境安全管理工作情况;按照规定组织开展铁路外部环境安全事故和信息调查;协调联系铁路监督管理局,配合开展外部环境安全有关行政执法;牵头拟定铁路外部环境安全隐患排查整治工作标准;负责铁路用地红线内市政公益性利用和路内保护性利用项目安全评估。各安全监察大队负责辖区内各单位铁路外部环境安全监督检查工作。

(2)保卫部(护路联防办)牵头统筹协调铁路护路联防工作,负责对内组织和对外联系铁路公安、地方党委(政法委)部门;建立健全铁路外部环境综合治理"双段长"工作责任制,推动落实路地协调联动整治工作机制。

(3)工务部负责本系统铁路外部环境安全隐患排查整治全过程管理工作,以及牵头区间铁路用地红线内市政公益性利用,组织开展项目可行性论证、审批、备案,并组织验收。主要职责:组织拟定工务系统铁路外部环境安全隐患辨识、分级判定和整治销号等排查整治工作标准;建立和落实本系统外部环境安全隐患排查整治工作职责和考核评价制度;建立铁路外部环境安全隐患排查整治协调联动机制,督促指导本系统单位推进落实路地“双段长”工作要求,及时整治铁路外部环境安全突出问题,有效防范铁路外部环境安全风险。

(4)电务部负责本系统铁路外部环境安全隐患排查整治全过程管理工作。主要职责:组织拟定电务系统铁路外部环境安全隐患辨识、分级判定和整治销号等排查整治工作标准;及时整治铁路外部环境安全突出问题,有效防范铁路外部环境安全风险;建立和落实本系统外部环境安全隐患排查整治工作职责和考核评价制度。

(5)供电部负责本系统铁路外部环境安全隐患排查整治全过程管理工作。主要职责:组织拟定供电系统铁路外部环境安全隐患辨识、分级判定和整治销号等排查整治工作标准;及时整治铁路外部环境安全突出问题,有效防范铁路外部环境安全风险;建立和落实本系统外部环境安全隐患排查整治工作职责和考核评价制度。

(6)运输部负责本系统铁路(车站)外部环境安全隐患排查整治全过程管理工作,以及牵头车站铁路用地红线内市政公益性利用,组织开展项目可行性论证、审批、备案,并组织验收。主要职责:及时整治铁路外部环境安全突出问题,有效防范铁路外部环境安全风险;建立和落实本系统外部环境安全隐患排查整治工作职责和考核评价制度;督促指导系统单位建立铁路外部环境安全隐患排查整治协调联动工作机制,落实路地“双段长”工作要求。

(7)客运部负责本系统铁路(独立客运站)外部环境安全隐患排查整治全过程管理工作,以及牵头独立客运站铁路用地红线内市政公益性利用,组织开展项目可行性论证、审批、备案,并组织验收。主要职责:及时整治铁路外部环境安全突出问题,有效防范铁路外部环境安全风险;建立和落实本系统外部环境安全隐患排查整治工作职责和考核评价制度;督促指导系统单位建立铁路外部环境安全隐患排查整治协调联动工作机制,配合运输部督促指导系统单位落实路地“双段长”工作要求。

(8)土房部负责本系统铁路站(段)场外部环境安全隐患排查整治全过程管理工作。主要职责:组织拟定土房系统铁路外部环境安全隐患辨识、分级判定和整治销号等排查整治工作标准;及时整治铁路外部环境安全突出问题,有效防范铁路外部环境安全风险;建立和落实本系统外部环境安全隐患排查整治工作职责和考核评价制度。

(9)货运部负责本系统铁路站场外部环境安全隐患排查整治全过程管理工作。主要职责:及时整治铁路外部环境安全突出问题,有效防范铁路外部环境安全风险;建立和落实本系统外部环境安全隐患排查整治工作职责和考核评价制度。

(10)机务部、车辆部分别负责本系统铁路(段、场)外部环境安全隐患排查整治全过程管理工作。主要职责:及时整治铁路(段、场、所)外部环境安全突出问题,有效防范铁路外部环境安全风险;建立和落实本系统外部环境安全隐患排查整治工作职责和考核评价制度。

(11)经开部负责本系统铁路用地红线内路内保护性开发项目和租赁物业经营场所涉及铁路外部环境安全隐患排查整治全过程管理工作。主要职责:组织制定路内保护性利用项目方案,组织开展项目可行性论证和安全风险评估;按照国铁集团和铁路局集团公司有关规定,组织路内保护性利用单位办理项目的审批、备案和项目初步验收;及时整治铁路外部环境安全突出问题,有效防范铁路外部环境安全风险;建立和落实本系统外部环境安全隐患排查整治工作职责和考核评价制度。

(12)建设部负责在建铁路、涉铁工程外部环境安全隐患排查整治全过程管理工作。主要职责:及时整治在建铁路、涉铁工程外部环境安全隐患,督促整治建设遗留的铁路外部环境安全隐患;建立和落实本系统外部环境安全隐患排查整治工作职责和考核评价制度。

(13)企法部负责牵头组织、会同专业部门开展安全领域主动维权工作,负责公益诉讼协作配合联络工作。

(14)科信部负责铁路用地红线内市政公益性利用项目方案审查。

(15)计统、财务、宣传部等铁路局集团公司其他部门依据工作职责,从铁路建设源头管理、科技建设、资金保障、安全宣传、综合治理等方面提供政策支持和工作保障。

2.3 跨部门协作机制

各部门、各单位负责铁路外部环境安全日常管理工作,组织开展铁路外部环境安全隐患排查,及时发现报告隐患问题,协调推进铁路外部环境安全隐患整治。

各部门、各单位应明确科室专职管理人员,将安全环境工作职责、标准明确到科室、车间和岗位,形成"横向到边,纵向到底,职责清晰,管理顺畅"的责任体系。按照"管行业必须管安全、管业务必须管安全、管生产经营必须管安全"和"谁主管谁负责"的原则,将铁路沿线环境安全风险防控工作纳入各级安全生产责任制,做到"同研究、同部署、同检查、同考核"。

各安全监察大队要统筹监察力量,全面掌握辖区内各单位铁路外部环境治理总体情况,将辖区内工务、电务、供电、车务、房建等单位铁路外部环境安全管理纳入日常监督检查范围。

3 分级分类管理

3.1 隐患等级划分标准

铁路外部环境安全隐患分为重大环境安全隐患和一般环境安全隐患。

(1)重大环境安全隐患是指对铁路运输安全危害程度和整改难度较大、危及高铁和旅客列车安全、可能造成重大人员伤亡和经济损失,应当立即采取停运措施的安全隐患。

(2)一般环境安全隐患是指对铁路运输安全危害程度相对较小,发现后能够及时整改排除的安全隐患。一般环境安全隐患分为三级:一级环境安全隐患是指对铁路运输安全影响较大、或可能对旅客列车运输安全构成一定威胁的隐患;二级环境安全隐患是指对铁路运输安全影响较小、对铁路运输秩序构成一定影响的隐患;三级环境安全隐患是指其他轻微安全隐患。

3.2 隐患分类管理

铁路外部环境安全隐患按照问题属性主要分为18类。

(1)违法施工类。主要指在铁路线路安全保护区内取土、挖砂、挖沟、上跨下穿施工、采空作业等安全隐患。

(2)危险物品类。主要指在铁路沿线两侧不符合国家标准、行业标准规定的安全防护距离,建造、设立生产加工储存或者销售易燃、易爆、放射性物品等危险物品的场所(仓库)存在的安全隐患,以及油气管道隐患。

(3)上跨并行类。主要指公跨铁桥梁和公铁并行护栏不达标准、警示标志缺失、违规附挂上跨设备、通行车辆超限超载超速等安全隐患。

(4)违法取水类。主要指在高铁沿线禁采区和限采区违法抽取地下水,以及在普铁线路安全保护区内抽取地下水类安全隐患。

(5)河道桥梁类。主要指在铁路桥梁跨越河道上下游禁止区违法进行采砂淘金、疏浚作业、围垦造田、拦河筑坝、架设浮桥或者修建其他影响铁路桥梁安全设施以及水面航标未按规定设置等安全隐患。

(6)开采爆破类。主要指违法进行采矿、采石或爆破作业类安全隐患。

(7)违建违占类。主要指在铁路线路安全保护区内违法建筑房屋设施、违法占地、违法经营等安全隐患。

(8)堆放隐患类。主要指在铁路线路两侧堆放杂物、材料、设备、弃土弃渣以及向铁路线路安全保护区倾倒垃圾和排污等安全隐患。

(9)倒落隐患类。主要指铁路沿线各类杆塔、上跨线缆、高大设施等存在的倒伏安全隐患。

(10)树植隐患类。主要指在铁路线路安全保护区内种植影响铁路线路安全、供电安全和行车瞭望的树木等植物。

(11)违法排放类。主要指在电气化铁路附近从事排放粉尘、烟尘及腐蚀性气体的生产活动,超过国家规定的排放标准,危及铁路运输安全隐患。

(12)硬飘浮物类。主要指邻近铁路线路安全保护区一定范围内彩钢瓦房、广告牌、石棉瓦、树脂瓦等材料或建(构)筑物在大风天气条件下侵入铁路限界安全隐患。

(13)轻飘浮物类。主要指在铁路沿线升放风筝、气球、无人机等低空飘浮物以及各种网类、塑料类等轻体物品在大风天气条件下侵入铁路限界安全隐患。

(14)危害铁路通信信号设施类。主要指危害铁路地下、过河光(电)缆等设施安全的违法行为。

(15)危害电气化铁路设施类。主要指攀登铁路电力线路杆塔或者在杆塔上架设、安装其他设施设备,在铁路电力线路杆塔、拉线周围20m范围内取土、打桩、钻探或者倾倒有害化学物品,向电气化铁路接触网抛掷物品和触碰电气化铁路接触网等违法行为。

(16)非法通行类。主要指私设非法道口和非法人行通道,非法进入铁路线路以及封闭站场等问题。

(17)非法烧荒类。主要指在铁路线路安全保护区内烧荒问题。

(18)放养牲畜类。主要指在铁路线路安全保护区内放养牲畜问题。

第二篇　隐患治理

4 隐患识别与治理

4.1 隐患排查要求与方法

4.1.1 隐患排查要求

(1)按照“早发现、早报告、早协调、早治理”工作要求,实行统筹协调、专业负责、综合施策的铁路外部环境安全隐患整治模式。

(2)专业部门应依据工作职责和排查整治分工,将18类隐患纳入各专业日常生产计划,加强隐患排查、整治、销号环节的管控,常态化开展铁路外部环境安全隐患治理。分工未明确事项,按照“影响谁、谁负责”的原则,由各单位在管理细则中进一步确定。

由于铁路内部生产生活办公经营等自身原因造成的环境安全隐患,按照“谁使用、谁整治”和专业分工,由使用单位负责排查整治。

(3)各专业部门指导本系统各单位结合日常排查情况、典型事故(事件)和倾向性突出问题,对铁路沿线安全隐患进行全面分析,按季度确定重点管控区域,分级分类制定隐患排查方式、周期及管控措施。

(4)检查人员发现铁路外部环境安全隐患已经造成铁路行车设备设施破损、线路基础受损变形、侵入铁路限界等直接危及行车安全的隐患时,应立即按照《铁路技术管理规程》等规定进行处置。

4.1.2 隐患排查方式及频次

各专业部门应指导所属单位建立铁路外部安全环境隐患定期排查制度,采取添乘机车、调阅视频和地面排查相结合,全线排查和重点排查相结合等方式,建立实名排查记录,及时发现各类危害铁路运输安全行为和安全隐患。结合管内实际情况,细化并落实日常巡查工作制度,对铁路外部环境安全隐患突出、多发易发重点地段加密巡查频次,确保安全隐患早发现。

(1)日常巡查

添乘排查:各工务段、供电段对管内线路添乘排查每两周不少于一遍。各电务段、通信段添乘排查每月不少于一遍。

地面排查:外部环境重点区域每月巡查不少于一遍,必要时派人临时看守;其他路段每季度巡查不少于一遍。

(2)“双段长”联合巡查

有关单位的各级“双段长”要主动联系对应的地方政府“双段长”,按照“双段长”工作责任制的规定周期,做好日常和定期联合巡查工作。

(3)专项检查

各专业部门应根据专业特点结合季节性安全风险及时分析,针对雨、雪、大风等恶劣天气,节假日及当地风俗习惯等实际情况,及时预警并提前开展外部环境隐患专项排查整治。

(4)集中排查

以现场检查为主,每年由各专业部门牵头组织本系统各单位开展一次外部安全环境隐患集中排查活动,明确检查重点和要求,优化检查方式和方法,开展隐患集中排查治理。其中,工务、供电、房建单位每半年组织开展铁路沿线500m范围内飘浮物集中检查不少于一次。

4.2 隐患治理闭环管理

4.2.1 隐患治理工作基本流程

各部门、各单位应结合实际,按照“检查、停止、告知、报告、巡查”的程序处置铁路外部环境隐患,切实履行好铁路外部安全环境排查整治主体责任,发现隐患和苗头应及时启动相关工作,防止“小问题”演变为“大隐患”。

(1)检查。各单位应按照日常巡查、“双段长”巡查、专项检查和集中排查工作制度进行隐患排查,将铁路外部安全环境纳入科室、车间、班组等日常检查的项目和内容,确保及时发现隐患。

(2)停止。各单位对检查发现的违法行为要立即制止。能够协调整治的应立即整治,有关整治资料须按入库销号程序管理。

对毁坏铁路防护设施,实施危及铁路通信、信号设施安全的行为,危害电气化铁路设施的违法行为,应当立即向铁路公安机关报案,并积极配合公安部门严厉打击。各单位应建立报警台账,记录隐患发现和报警日期、报警事由、接警单位、出警和处置情况、接警单位向报警人反馈情况、后续处置情况。

(3)告知。各单位应积极履行告知义务,发现隐患且无法立即完成整治的,须向责任单位或责任人递送“铁路外部环境安全隐患告知书”,限期整治。属违法行为的,还须向违法行为责任单位或责任人下达“铁路外部环境违法行为通知书”。站段须指定专人审核车间发出的“铁路外部环境安全隐患告知书”“铁路外部环境违法行为通知书”。需要协调县级政府和地市级政府有关部门整治时,由车务站段、工务段利用“双段长”机制统一牵头对接。

(4)报告。在制止无效、安全隐患得不到整改的情况下,各单位应立即向上级专业主管部门报告。各专业主管部门根据隐患危害和整治难易程度,指导站段及时处置。对铁路系统自身难以协调解决的,要分层级及时书面函告所涉地方人民政府及有关部门、铁路监督管理局。各单位在履行告知义务和致函后,要主动协调隐患违法主体、铁路监管机构、地方人民政府及有关部门及时整治整改。

(5)巡查。铁路外部环境安全隐患消除之前,各单位应加强隐患巡查和监控,并采取可靠的临时措施,确保安全。

4.2.2 注意事项

(1)铁路外部环境安全隐患责任单位或责任人未在书面通知(告知)期限内完成整改的,“铁路外部环境违法行为通知书”和“铁路外部环境安全隐患告知书”发放单位或部门应及时向地方人民政府和铁路监督管理局专题函告,并做好后续跟踪。

(2)铁路局集团公司负责推动一级以上和站段难以推动完成的其他铁路外部环境安全隐患整治工作。站段负责推动二、三级隐患整治工作。

(3)各部门、单位应积极探索科技保安全手段,利用无人机智能巡检、视频监控、通航桥梁防撞预警监测、限高架防撞预警、卫星遥感、周界入侵报警、人工智能、大数据分析等技术,通过建设铁路沿线安全环境治理信息平台,多渠道采集信息,全过程动态掌握工作进展,进一步提升铁路沿线安全环境管控能力。

(4)铁路外部环境安全隐患整治须坚持标本兼治,做好整治进度跟踪,加强后期管控,防止问题反弹。

(5)地方牵头整治的铁路外部环境安全隐患问题由相关主体设备管理单位进行监管,按照安全隐患整治流程办理。

相关工务段负责区间、车务段(车站)负责站内市政公益性利用项目施工过程和建成后的安全管控。

(6)建设部门须做好新建铁路项目外部环境安全隐患治理提前介入工作,协调督促建设单位成立工作专班,并积极协调地方政府,全力推进外部环境安全隐患的整治,确保开通运营前整治到位。

4.3 隐患问题库的建立与日常管理

4.3.1 隐患问题库建立

(1)铁路局集团公司各相关部门、站段、车间均应按照“谁排查、谁入库”的原则,分级分类建立铁路外部环境安全隐患问题库,规范铁路安全隐患问题库管理。各部门、单位应指定胜任人员负责问题库管理,坚持专人专管,对排查入库的隐患问题进行动态管理,及时更新隐患问题库,全过程跟踪整治和销号情况,做到“一个标准、一本台账、体现全过程”。

问题库主要项点应包括：安全隐患发现时间、基本概况、现场照片、所处铁路线路及里程、铁路地界和铁路线路安全保护区范围、所属行政区域、安全隐患级别、安全隐患类别、发函报告情况（应包括发函报告时间、报告部门、函件文号等）、路地整治责任部门和负责人、协调整治工作情况、问题销号时间以及销号验收责任人。

（2）铁路外部环境安全隐患销号须严格执行管理工作程序。重大铁路外部环境安全隐患由领导小组负责确认销号，一般一级铁路外部环境安全隐患由铁路局集团公司专业部门负责确认销号，其他铁路外部环境安全隐患由站段负责确认销号。

重大铁路外部环境安全隐患应立即组织整治，并采取严格管控措施。一般一级隐患整治期限原则上为 10 日，一般二级隐患整治期限原则上为 20 日，一般三级隐患整治期限原则上为 30 日，隐患未彻底整治前应采取临时安全管控措施。

（3）验收销号。

①属于铁路单位负责整治的隐患问题，由整治单位验收负责人牵头组织现场验收，单位包保干部或专业科室管理人员签字后销号。

②属于地方牵头整治的隐患，实行路、地双方验证制度。

③由于铁路内部自身原因造成的外部环境安全隐患整治完成后，由整治单位牵头组织排查等相关单位共同验收，验收合格后按照“谁入库、谁销号”的原则，由入库单位销号。

（4）铁路外部环境安全隐患排查、整治、销号全过程实施记名记实管理，严格责任追溯考核。

（5）铁路局集团公司各部门、单位应建立健全“铁路外部环境安全管理信息系统”管理制度，部门、单位、车间各级管理人员要能够熟练使用信息系统，发现的隐患问题要全部录入信息系统管理。各专业管理部门每月对各单位信息系统运用情况进行检查指导，纳入本系统综合排名。安监室每季度对各专业部门、单位信息系统使用情况进行统计分析，纳入集团考核通报。

4.3.2 日常管理

（1）各部门、单位应健全完善铁路外部环境安全管理检查、分析、预警、督办等各项管理制度，提升安全管理水平。

（2）各部门、单位应将铁路外部环境安全管理工作纳入安委会（安全生产委员会）、安全例会，研究分析苗头性、倾向性问题，研判预警安全风险，有效推动铁路外部环境安全隐患治理和风险管控工作。

（3）各部门、单位应将铁路外部环境安全隐患排查整治相关法规、规范性文件、标准等纳入本部门、单位年度从业人员教育培训计划，并组织实施。各专业部门每年应对本系统各单位工作开展情况进行检查通报。

（4）领导小组应按相关规定要求，对作出突出贡献的单位和个人，给予表彰奖励。对防控责任落实不到位的,严肃考核追责。

(5)各专业部门每半年对本系统各单位铁路外部环境安全管理情况进行一次专业检查。各安全监察大队每月对辖区内各单位铁路外部环境安全管理情况进行监督检查。铁路局集团公司每年组织一次全面检查。

5 隐患分类整治要求

5.1 违法施工类

5.1.1 法律法规相关要求

(1)《中华人民共和国铁路法》(2015年修订)。

第四十六条(摘引部分内容) 在铁路线路和铁路桥梁、涵洞两侧一定距离内,修建山塘、水库、堤坝,开挖河道、干渠,采石挖砂,打井取水,影响铁路路基稳定或者危害铁路桥梁、涵洞安全的,由县级以上地方人民政府责令停止建设或者采挖、打井等活动,限期恢复原状或者责令采取必要的安全防护措施。

在铁路线路上架设电力、通信线路,埋置电缆、管道设施,穿凿通过铁路路基的地下坑道,必须经铁路运输企业同意,并采取安全防护措施。

(2)《铁路安全管理条例》(国务院令第639号)。

第十六条 在铁路线路及其邻近区域进行铁路建设工程施工,应当执行铁路营业线施工安全管理规定。铁路建设单位应当会同相关铁路运输企业和工程设计、施工单位制定安全施工方案,按照方案进行施工。施工完毕应当及时清理现场,不得影响铁路运营安全。

第三十条 在铁路线路安全保护区内建造建筑物、构筑物等设施,取土、挖砂、挖沟、采空作业或者堆放、悬挂物品,应当征得铁路运输企业同意并签订安全协议,遵守保证铁路安全的国家标准、行业标准和施工安全规范,采取措施防止影响铁路运输安全。铁路运输企业应当派员对施工现场实行安全监督。

第三十四条 在铁路线路两侧从事采矿、采石或者爆破作业,应当遵守有关采矿和民用爆破的法律法规,符合国家标准、行业标准和铁路安全保护要求。

在铁路线路路堤坡脚、路堑坡顶、铁路桥梁外侧起向外各1000m范围内,以及在铁路隧道上方中心线两侧各1000m范围内,确需从事露天采矿、采石或者爆破作业的,应当与铁路运输企业协商一致,依照有关法律法规的规定报县级以上地方人民政府有关部门批准,采取安全防护措施后方可进行。

第八十九条(摘引部分内容) 未经铁路运输企业同意或者未签订安全协议,在铁路线路安全保护区内建造建筑物、构筑物等设施,取土、挖砂、挖沟、采空作业或者堆放、悬挂物品,或者违反保证铁路安全的国家标准、行业标准和施工安全规范,影响铁路运输安全的,由铁路监督管理机构责令改正,可以处10万元以下的罚款。

(3)《高速铁路安全防护管理办法》(交通运输部令2020年第8号)。

第十六条(摘引部分内容) 跨越、下穿或者并行高速铁路线路的油气、供气供热、供排水、电力等管线规划、设计、施工应当满足相关国家标准、行业标准及管理规定。施工前应当向铁路运输企业通报,与铁路运输企业协商一致后方可施工,必要时铁路运输企业可以派员进行安全防护。对跨越高速铁路的电力线路,应当采取可靠的防坠落措施。

第二十一条 有关单位和个人在高速铁路邻近区域内施工、建造构筑物或者从事其他生产经营活动,应当遵守保证高速铁路安全的法律法规和相关标准,采取措施防止影响高速铁路运输安全。

第二十二条(摘引部分内容) 在高速铁路线路及其邻近区域进行施工作业,应当符合工程建设安全管理规定,并执行铁路营业线施工安全管理规定。建设单位应当会同设计、施工单位与铁路运输企业共同制定安全施工方案,按照方案进行施工。施工完毕应当及时清理现场,不得影响高速铁路运营安全。

5.1.2 排查要求

对铁路线路安全保护区范围内的所有施工行为进行全面排查,对邻近铁路线路的其他危及铁路运输安全行为进行全面排查。

5.1.3 整治要求

对铁路线路安全保护区范围内未经相关铁路单位同意并办理施工手续的施工项目、铁路线路安全保护区范围外的其他危及铁路运输安全行为进行制止。对涉铁施工行为应立即下发停工、整改通知书;对发现铁路外部环境安全隐患问题属违法行为的,应以铁路安全监督管理办公室的名义,下达“铁路外部环境违法行为通知书”;未构成违法行为的,发放“铁路外部环境安全隐患告知书”,并依法向铁路监督管理机构和地方人民政府相关部门报告。

5.2 危险物品类

5.2.1 法律法规和标准规范相关要求

(1)《中华人民共和国安全生产法》(2021年修订)。

第四十八条 两个以上生产经营单位在同一作业区域内进行生产经营活动,可能危及对方生产安全的,应当签订安全生产管理协议,明确各自的安全生产管理职责和应当采取的安全措施,并指定专职安全生产管理人员进行安全检查与协调。

(2)《危险化学品安全管理条例》(国务院令第591号)。

第十九条 危险化学品生产装置或者储存数量构成重大危险源的危险化学品储存设施（运输工具加油站、加气站除外），与下列场所、设施、区域的距离应当符合国家有关规定（摘引部分内容）：车站、码头（依法经许可从事危险化学品装卸作业的除外）、机场以及通信干线、通信枢纽、铁路线路、道路交通干线、水路交通干线、地铁风亭以及地铁站出入口。

已建的危险化学品生产装置或者储存数量构成重大危险源的危险化学品储存设施不符合前款规定的，由所在地设区的市级人民政府安全生产监督管理部门会同有关部门监督其所属单位在规定期限内进行整改；需要转产、停产、搬迁、关闭的，由本级人民政府决定并组织实施。

储存数量构成重大危险源的危险化学品储存设施的选址，应当避开地震活动断层和容易发生洪灾、地质灾害的区域。

本条例所称重大危险源，是指生产、储存、使用或者搬运危险化学品，且危险化学品的数量等于或超过临界量的单元（包括场所和设施）。

（3）《铁路安全管理条例》（国务院令第639号）。

第三十三条 在铁路线路两侧建造、设立生产、加工、储存或者销售易燃、易爆或者放射性物品等危险物品的场所、仓库，应当符合国家标准、行业标准规定的安全防护距离。

（4）《危险化学品经营企业安全技术基本要求》（GB 18265—2019）。

（5）《危险化学品重大危险源辨识》（GB 18218—2018）。

（6）《铁路工程设计防火规范》（TB 10063—2016）。

（7）《油气输送管道与铁路交汇工程技术及管理规定》（国能油气〔2015〕392号）。

（8）《建筑设计防火规范》（GB 50016—2014）。

（9）《城镇燃气设计规范（2020版）》（GB 50028—2006）。

5.2.2 排查要求

（1）铁路线路两侧建造、设立生产、加工、储存或者销售易燃、易爆或者放射性物品等危险物品的场所、仓库，应当符合国家标准、行业标准规定的安全防护距离。

说明：铁路线路包括铁路正线、到发线、货物线、调车线、存车线等各类线路。依据《铁道部印发的〈铁路危险货物办理站专用线（专用铁路）货运安全设备设施暂行技术条件〉》（铁运〔2010〕105号）（以下简称《技术条件》）第3.1条。

（2）危险货物仓库、堆场、雨棚距铁路正线的防火间距不得小于40m、其他铁路线路的防火间距不得小于30m。

依据：《技术条件》第4.1.11条、第4.7.5条。

（3）硝酸铵仓库与铁路的外部距离不应小于200m。

依据：《技术条件》第4.1.11条。

（4）民用爆破器材地面仓库、民用爆破器材装卸作业线与周围车站、铁路线路的距离不应小于表5-1给出的安全距离。

安全距离(单位:m)　　表 5-1

单个仓库计算药量 N(t)	铁路车站站界或建筑物边缘(不含站内办理)	铁路线路(不含专用线、专用铁路)
0.1	200	200
0.3	200	200
0.5	200	200
1	200	200
2	250	200
5	330	250
6	350	260
7	360	270
8	380	290
9	400	300
10	410	310
12	430	320
14	460	350
16	480	360
18	500	380
20	520	390
25	550	410
30	590	440
35	620	470
40	650	490
45	670	500
50	700	530
60	740	560
70	780	590
80	820	620
90	850	640
100	880	660
120	930	700
140	980	740
160	1030	770
180	1070	800
200	1110	830

注:用于本仓库装卸作业的线路除外。依据《技术条件》第 4.2.9 条、第 8.8.1 条。

(5)铁路站内办理站烟花爆竹仓库与铁路线路的距离不应小于表 5-2 给出的安全距离。

安全距离(单位:m) 表 5-2

单个仓库计算药量 N(t)	$N \leq 5$	$5 < N \leq 6$	$6 < N \leq 7$	$7 < N \leq 8$	$8 < N \leq 9$	$9 < N \leq 10$	$10 < N \leq 20$
安全距离	210	220	235	245	255	265	330

注:用于本仓库装卸作业的线路除外。

由于办理站内烟花爆竹仓库具有周转流动性,因此,本条不考虑仓库的分类,按 A 级仓库的安全距离取值。

依据:《技术条件》第 4.4.3 条。

(6)专用线(专用铁路)内烟花爆竹 A 级仓库与车站、铁路线路等的距离不应小于表 5-3 给出的安全距离。

安全距离(单位:m) 表 5-3

单个仓库计算药量 N(t)	铁路车站	铁路线路(不含专用线、专用铁路)
$N \leq 5$	380	210
$5 < N \leq 6$	400	220
$6 < N \leq 7$	420	235
$7 < N \leq 8$	440	245
$8 < N \leq 9$	460	255
$9 < N \leq 10$	475	265
$10 < N \leq 20$	600	330

注:用于本仓库装卸作业的线路除外。依据《技术条件》第 4.4.3 条。

(7)专用线(专用铁路)的烟花爆竹 C 级仓库与铁路车站、铁路线路(不含专用线、专用铁路)的距离不小于 200m。

依据:《技术条件》第 4.4.3 条。

5.2.3 整治要求

(1)在铁路沿线两侧不符合国家标准、行业标准安全防护距离,建造、设立生产、加工、储存或者销售易燃、易爆或者放射性物品等危险物品的场所、仓库,属路外单位、个人责任时,须通知其负责人关停相关生产、作业,并按铁路局集团公司路外环境管理规定报告相关部门及执法部门进行处理。

(2)石油、天然气、城镇燃气等管道的设置可能影响铁路运营安全的,应事先与铁路运输企业签订安全协议,明确双方责任义务。管道应符合国家和行业技术标准、规范,与铁路保持规定的安全距离,符合《铁路工程设计防火规范》(TB 10063—2016)、《油气输送管道与铁路交汇工程技术及管理规定》(国能油气〔2015〕392 号)等的规定。已铺设管道不符合要求的,应按照"后建服从先建"的原则,组织整改。

5.3 上跨并行类

5.3.1 法律法规和标准规范相关要求

(1)《关于公铁立交和公铁并行路段护栏建设与维护管理相关问题的通知》(铁运〔2012〕139 号)指出,公铁并行路段是指铁路路堑上的公路路段或位于铁路线路安全保护区内,公路路肩高程高于铁路路肩或与铁路路肩等高,或低于铁路路肩 1.0m 以内的公路路段。

《公路铁路并行路段设计技术规范》(JT/T 1116—2017)规定:按照不同等级的道路与铁路并行,公铁并行分为Ⅰ级公铁并行、Ⅱ级公铁并行、Ⅲ级公铁并行、Ⅳ级公铁并行、Ⅴ级公铁并行 5 个技术等级。四级以下的其他道路可比照四级公路进行公铁并行分级。具体规定见表 5-4。

四级以下的其他道路公铁并行分级　　表 5-4

类型	高速铁路或设计速度等于 200km/h 的城际铁路	设计速度小于 200km/h 的城际铁路或重载铁路或Ⅰ级、Ⅱ级铁路	Ⅲ级、Ⅳ级铁路
高速公路或设计速度等于 100km/h 的一级公路	Ⅰ级	Ⅱ级	Ⅱ级
设计速度小于 100km/h 的一级公路或二级公路	Ⅱ级	Ⅲ级	Ⅳ级
三级公路或四级公路	Ⅲ级	Ⅳ级	Ⅴ级

注:1. 高速公路为专供汽车分方向、分车道行驶,全部控制出入的多车道公路。
2. 一级公路为供汽车分方向、分车道行驶,可根据需要控制出入的多车道公路。
3. 二级公路为供汽车行驶的双车道公路。
4. 三级公路为供汽车、非汽车交通混合行驶的双车道公路。
5. 四级公路为供汽车、非汽车交通混合行驶的双车道或单车道公路。
6. 高速铁路为设计速度 250km/h(含预留)及以上动车组列车,初期运营速度不小于 200km/h 的客运专线铁路。
7. 城际铁路为专门服务于相邻城市间或城市群,设计速度 200km/h 及以下的快速、便捷、高密度客运专线铁路。
8. 客货共线铁路为旅客列车与货物列车共线运营、旅客列车设计行车速度 200km/h 及以下的铁路。
9. 重载铁路为满足列车牵引质量 8000t 及以上、轴重为 27t 及以上、在至少 150km 线路区段上年运量大于 4000 万 t 三项条件中两项的铁路。

各级公铁并行间距(D)应符合表 5-5 的规定。

各级公铁并行间距(单位:m)　　表 5-5

项目	公铁并行等级				
	Ⅰ级	Ⅱ级	Ⅲ级	Ⅳ级	Ⅴ级
一般值	50	40	35	25	20
最小值	35	30	25	15	10
极限值	20	15	15	10	5

公铁并行路段护栏的结构形式、防护等级、最小结构长度等应符合《公路交通安全设施设计规范》(JTG D81—2017)、《公路铁路并行路段设计技术规范》(JT/T 1116—2017)、《公路交通安全设施设计细则》(JTG/T D81—2017)、《关于公铁立交和公铁并行路段护栏建设与维护管理相关问题的通知》(铁运〔2012〕139 号)等相关标准、规范和规定要求。

(2)《公路交通安全设施设计规范》(JTG D81—2017)。

跨越铁路桥梁护栏防护等级的选取:因桥梁线形、桥梁高度、交通量、车辆构成、运行速度或其他不利现场条件等因素易造成更严重碰撞后果的路段,经综合论证,可在表 5-6 的基础上提高 1 个或以上等级。

桥梁护栏防护等级的选取　　表 5-6

<table>
<tr><th>公路等级</th><th>设计速度(km/h)</th><th>跨越铁路的桥梁护栏防护等级</th></tr>
<tr><td colspan="2">跨越高速铁路的桥梁—级特大悬索桥、斜拉桥等缆索承重桥梁</td><td>八(HA)级</td></tr>
<tr><td rowspan="3">高速公路</td><td rowspan="2">120</td><td rowspan="2">六(SS、SSm)级</td></tr>
<tr></tr>
<tr><td rowspan="2">100、80</td><td rowspan="2">五(SA、SAm)级</td></tr>
<tr><td rowspan="3">一级公路</td></tr>
<tr><td rowspan="2">60</td><td rowspan="2">四(SB、SBm)级</td></tr>
<tr></tr>
<tr><td>二级公路</td><td>80、60</td><td>四(SB)级</td></tr>
<tr><td>三级公路</td><td>40、30</td><td rowspan="2">三(A)级</td></tr>
<tr><td>四级公路</td><td>20</td></tr>
</table>

注:括号内为护栏防护等级的代码。

(3)《公路交通安全设施设计细则》(JTG/T D81—2017)。

第 9.2.3 条　防落物网的构造应符合下列规定:

1. 防落物网所采用的金属网的形式可与隔离栅相同,其网孔规格不宜大于 50mm × 100mm,公路跨越铁路时网孔规格不宜大于 20mm × 20mm。

2. 公路跨越铁路电气化区段的上跨立交桥防落物网应设置"高压危险"警示标志。

3. 跨越高速铁路的立交桥防落物网距桥面的高度应不低于 2.5m,跨越一般铁路的立交桥防落物网距桥面的高度应不低于 2.0m。

(4)《铁路工程设计防火规范》(TB 10063—2016)。

第 6.4.3 条　上跨铁路的人行天桥应设置防护网,并应符合下列规定:

1. 防护网应延伸至距最外铁路线路外侧轨道 6.0m 以外。

2. 与铁路贴邻的人行天桥应在天桥的铁路侧设置防护网。

3. 铁路站场范围内的天桥,防护网应延引至桥下。

4. 防护网高度不应小于 2.2m,网眼不应大于 0.25cm^2。

(5)《中华人民共和国安全生产法》(2021 年修订)。

第四十八条 两个以上生产经营单位在同一作业区域内进行生产经营活动,可能危及对方生产安全的,应当签订安全生产管理协议,明确各自的安全生产管理职责和应当采取的安全措施,并指定专职安全生产管理人员进行安全检查与协调。

(6)《公路与市政工程下穿高速铁路技术规程》(TB 10182—2017)。

(7)《公路铁路交叉路段技术要求》(JT/T 1311—2020)。

5.3.2 排查要求

(1)排查所有公跨铁桥梁护栏、护网等安全防护设施不达标准(含缺失)、交通标志标线和警示标志缺失问题,车辆超载超速、公跨铁桥梁上路灯杆、交通监控等支撑装置隐患。

(2)对公跨铁立交桥固定资产移交、安全管理协议签订、联系工作机制建立完善等情况进行排查。

(3)对公铁并行、交汇地段(包括公跨铁桥梁外方,以下同)无防撞设施、并行道路等级进行排查。对公铁并行、交汇地段基础信息(如孔跨式样、设计荷载、道路类型、道路等级等)及安全防护设施信息(如栏杆、防撞护栏、防抛网、交通标志、标线、减速设施、视线诱导设施、灯杆等)等资料进行核查。

(4)对既有公铁并行钢轨桩、护桩等防护等级不满足现行设计标准的处所进行全面调查。

(5)对照《铁路安全管理条例》施行前后、铁路公路建设前后等时间划分要求,对公铁并行路段隐患形成时间进行全面排查。

5.3.3 整治要求

(1)电气化区段非铁路产权的公跨铁桥(含渡槽)隐患整治以供电部门为主体配合单位,封锁、停电计划由供电部门负责提报,工务部门配合;跨越铁路桥梁整治方案由工务部门牵头审查;跨越铁路桥梁整治的施工质量、安全由工务部门负责现场安全监督。

(2)及时函商产权单位进行整治。

(3)梁底无松脱物。

(4)管、线原则上不得外挂,需布设在桥面专用槽道内。已外挂管、线应固定牢固,支承支架强度与稳定性满足安全要求。

(5)桥面防护网长度、高度与网眼尺寸满足要求,立柱基础与梁体预埋件连接牢固,防护网所有金属部件防腐涂层应采用热浸锌处理。

(6)防撞墙等级不符合现行设计标准但符合建设期标准的,公路、交通部门应进行安全评估,对评估不达标的进行改造。

(7)《关于公铁立交和公铁并行路段护栏建设与维护管理相关问题的通知》(铁运〔2012〕139 号)规定:“需地方公路部门负责修建的防撞设施,相关铁路单位及时函告地方公路管理部门或县区人民政府”,并按照《公路铁路并行路段设计技术规范》(JT/T 1116—2017)、《公路交通安全设施设计规范》(JTG D81—2017)进行安装。

(8)需由相关铁路单位负责修建的防撞设施,按照规定组织勘测设计,在铁路局集团公司下达计划后组织实施。

(9)对公铁并行、交汇地段既有护栏防护等级不满足现行设计标准的处所,研究制定专项方案,逐年推进改造达标。

(10)根据公铁并行、交汇路段隐患形成时间排查结果及建设情况,路地协商一致具备条件后,推进护栏产权移交、维护管理。

(11)公跨铁立交桥全部完成固定资产移交工作,移交手续齐全;规范签订安全协议,明确双方管理职责;工程质量检测鉴定且技术状况评定未达一、二类的桥梁,协调地方政府进行彻底整治;已废弃的上跨桥协调进行拆除,未拆除应前采取隔断措施。

5.4 违法取水类

5.4.1 法律法规相关要求

(1)《铁路安全管理条例》(国务院令第639号)。

第三十五条 高速铁路线路路堤坡脚、路堑坡顶或者铁路桥梁外侧起向外各200m范围内禁止抽取地下水。

在前款规定范围外,高速铁路线路经过的区域属于地面沉降区域,抽取地下水危及高速铁路安全的,应当设置地下水禁止开采区或者限制开采区,具体范围由铁路监督管理机构会同县级以上地方人民政府水行政主管部门提出方案,报省、自治区、直辖市人民政府批准并公告。

(2)《高速铁路安全防护管理办法》(交通运输部令2020年第8号)。

第十九条(摘引部分内容) 禁止在高速铁路线路路堤坡脚、路堑坡顶或者铁路桥梁外侧起向外各200m范围内抽取地下水;200m范围外,高速铁路线路经过的区域属于地面沉降区域,抽取地下水危及高速铁路安全的,应当设置地下水禁止开采区或者限制开采区,具体范围由地区铁路监督管理局会同县级以上地方人民政府水行政主管部门提出方案,报省、自治区、直辖市人民政府批准并公告。

5.4.2 排查要求

排查高速铁路线路路堤坡脚、路堑坡顶或者铁路桥梁外侧起向外各200m范围内以及地下水禁止开采区或者限制开采区抽取地下水水井。

5.4.3 整治要求

撤除抽水设备,封堵填埋水井。

5.5 河道桥梁类

5.5.1 法律法规和标准规范相关要求

(1)《中华人民共和国铁路法》(2015 年修订)。

第四十六条 在铁路线路和铁路桥梁、涵洞两侧一定距离内,修建山塘、水库、堤坝,开挖河道、干渠,采石挖砂,打井取水,影响铁路路基稳定或者危害铁路桥梁、涵洞安全的,由县级以上地方人民政府责令停止建设或者采挖、打井等活动,限期恢复原状或者责令采取必要的安全防护措施。

(2)《铁路安全管理条例》(国务院令第 639 号)。

第三十七条 任何单位和个人不得擅自在铁路桥梁跨越处河道上下游各 1000m 范围内围垦造田、拦河筑坝、架设浮桥或者修建其他影响铁路桥梁安全的设施。

因特殊原因确需在前款规定的范围内进行围垦造田、拦河筑坝、架设浮桥等活动的,应当进行安全论证,负责审批的机关在批准前应当征求有关铁路运输企业的意见。

第三十九条 在铁路桥梁跨越处河道上下游各 500m 范围内进行疏浚作业,应当进行安全技术评价,有关河道、航道管理部门应当征求铁路运输企业的意见,确认安全或者采取安全技术措施后,方可批准进行疏浚作业。但是,依法进行河道、航道日常养护、疏浚作业的除外。

第四十二条 船舶通过铁路桥梁应当符合桥梁的通航净空高度并遵守航行规则。

桥区航标中的桥梁航标、桥柱标、桥梁水尺标由铁路运输企业负责设置、维护,水面航标由铁路运输企业负责设置,航道管理部门负责维护。

(3)《高速铁路安全防护管理办法》(交通运输部令 2020 第 8 号)。

第十九条(摘引部分内容) 禁止违反有关规定在高速铁路桥梁跨越处河道上下游的一定范围内采砂、淘金。县级以上地方人民政府水行政主管部门、自然资源主管部门应当按照各自职责划定并公告禁采区域、设置禁采标志,制止非法采砂、淘金行为。

第三十二条 船舶通过高速铁路桥梁应当符合桥梁的通航净空高度并遵守航行规则。桥区航标中的桥梁航标、桥柱标、桥梁水尺标由铁路运输企业负责设置、维护,水面航标由铁路运输企业负责设置,航道管理部门负责维护。

建设跨越通航水域的高速铁路桥梁,应当根据有关规定同步设计、同步建设桥梁防撞设施。铁路运输企业或者铁路桥梁产权单位负责防撞设施的维护管理。

(4)《内河通航标准》(GB 50139—2014)规定内河航道按可通航内河船舶的吨级划分为 7

级,参见表5-7。

内河航道的船舶吨级划分 表5-7

航道等级	Ⅰ	Ⅱ	Ⅲ	Ⅳ	Ⅴ	Ⅵ	Ⅶ
船舶吨位(t)	3000	2000	1000	500	300	100	50

5.5.2 排查要求

排查对铁路桥梁跨越河道上下游违法进行采砂、淘金、疏浚作业、围垦造田、拦河筑坝、架设浮桥或者修建其他影响铁路桥梁安全设施的行为。

5.5.3 整治要求

(1)及时进行制止,依法向铁路监督管理机构和地方政府相关部门报告。

(2)通航河道铁路桥梁航标、桥柱标、桥梁水尺标齐全有效、作用良好,设置标准应符合《内河助航标志》(GB 5863—2022)的相关规定。

(3)航道升级时,由项目执行方委托铁路专业设计单位对桥梁墩身防撞能力进行安全评估。

5.6 开采爆破类

5.6.1 法律法规和标准规范相关要求

(1)《铁路安全管理条例》(国务院令第639号)。

第三十四条 在铁路线路两侧从事采矿、采石或者爆破作业,应当遵守有关采矿和民用爆破的法律法规,符合国家标准、行业标准和铁路安全保护要求。

在铁路线路路堤坡脚、路堑坡顶、铁路桥梁外侧起向外各1000m范围内,以及在铁路隧道上方中心线两侧各1000m范围内,确需从事露天采矿、采石或者爆破作业的,应当与铁路运输企业协商一致,依照有关法律法规的规定报县级以上地方人民政府有关部门批准,采取安全防护措施后方可进行。

(2)《高速铁路安全防护管理办法》(交通运输部令2020年第8号)。

第十八条 在高速铁路线路两侧从事采矿、采石或者爆破作业的,应当遵守有关采矿和民用爆炸物品的法律法规,符合保障安全生产的国家标准、行业标准和铁路安全保护的相关要求。

在高速铁路线路路堤坡脚、路堑坡顶、铁路桥梁外侧起向外各1000m范围内,以及在铁路隧道上方中心线两侧各1000m范围内,确需从事露天采矿、采石或者爆破作业的,应当充分考虑高速铁路安全需求,依法进行安全评估、安全监理,与铁路运输企业协商一致,依照法律法规规定报经有关主管部门批准，并采取相应的安全防护措施。

矿产资源开采过程中，在矿井、水平、采区设计时，对高速铁路及其主要配套建筑物、构筑物应当划定保护矿柱。

新建高速铁路用地与探矿权人的矿产资源勘查范围、采矿权人的采矿采石影响范围发生重叠或者在尾矿库溃坝冲击范围的，或者新建高速铁路线路跨越上述范围的，铁路建设单位应当与有关权利主体协商一致，签订安全协议，共同制定安全保障措施，按照国家有关规定处理，确保矿山生产经营单位安全生产条件符合相关规定。

5.6.2 排查要求

在铁路线路路堤坡脚、路堑坡顶、铁路桥梁外侧起向外各 1000m 范围内，以及在铁路隧道上方中心线两侧各 1000m 范围内违法进行采矿、采石或者爆破作业。

5.6.3 整治要求

对违反《铁路安全管理条例》第三十四条行为的，及时向铁路监督管理机构、地方政府和铁路局集团公司主管部门报告。

5.7 违建违占类

5.7.1 法律法规相关要求

(1)《中华人民共和国铁路法》(2015 年修订)。

第三十七条 已经取得使用权的铁路建设用地，应当依照批准的用途使用，不得擅自改作他用；其他单位或者个人不得侵占。

侵占铁路建设用地的，由县级以上地方人民政府土地管理部门责令停止侵占、赔偿损失。

(2)《铁路安全管理条例》(国务院令第 639 号)。

第三十条 在铁路线路安全保护区内建造建筑物、构筑物等设施，取土、挖砂、挖沟、采空作业或者堆放、悬挂物品，应当征得铁路运输企业同意并签订安全协议，遵守保证铁路安全的国家标准、行业标准和施工安全规范，采取措施防止影响铁路运输安全。铁路运输企业应当派员对施工现场实行安全监督。

(3)《高速铁路安全防护管理办法》(交通运输部令 2020 年第 8 号)。

第十三条(摘引部分内容) 在高速铁路线路安全保护区内建造建筑物、构筑物等设施，取土、挖砂、挖沟、采空作业或者堆放、悬挂物品，必须符合保证高速铁路安全的国家标准、行业标准，征得铁路运输企业同意并签订安全协议，遵守施工安全规范，采取措施防止影响铁路运输安全。

5.7.2 排查要求

排查铁路用地红线和安全保护区内未向铁路局集团公司办理相关手续且未经政府行政主管部门批准，擅自侵占铁路用地搭建(构)筑物或存放物品危及行车安全的行为。

5.7.3 整治要求

(1)铁路用地红线内与铁路运输生产安全无关且危及行车安全的所有建(构)筑物按照“拆、清、改”的原则予以整治；因铁路生产生活需要无法拆除的，按照相关标准和要求进行加固。

(2)安全保护区内既有的建(构)筑物危及铁路运输安全的，采取安全防护措施后仍不能保证安全的，依法予以拆除。

5.8 堆放隐患类

5.8.1 法律法规相关要求

(1)《铁路安全管理条例》(国务院令第639号)。

第二十九条(摘引部分内容) 禁止向铁路线路安全保护区排污、倾倒垃圾以及其他危害铁路安全的物质。

第三十条 在铁路线路安全保护区内建造建筑物、构筑物等设施，取土、挖砂、挖沟、采空作业或者堆放、悬挂物品，应当征得铁路运输企业同意并签订安全协议，遵守保证铁路安全的国家标准、行业标准和施工安全规范，采取措施防止影响铁路运输安全。铁路运输企业应当派员对施工现场实行安全监督。

(2)《高速铁路安全防护管理办法》(交通运输部令2020年第8号)。

第十三条(摘引部分内容) 禁止向高速铁路线路安全保护区排污、倾倒垃圾以及其他危害铁路安全的物质。

在高速铁路线路安全保护区内建造建筑物、构筑物等设施，取土、挖砂、挖沟、采空作业或者堆放、悬挂物品，必须符合保证高速铁路安全的国家标准、行业标准，征得铁路运输企业同意并签订安全协议，遵守施工安全规范，采取措施防止影响铁路运输安全。铁路运输企业应当公布办理相关手续的部门以及相应的渠道，及时办理相关手续，并派员对施工现场实行安全监督。

5.8.2 排查要求

对铁路线路用地红线及铁路线路安全保护区范围内违法堆放杂物、材料、设备，弃土弃渣、倾倒垃圾及影响铁路桥墩、路基等行车设备安全的堆放物等隐患问题进行全面排查。

5.8.3 整治要求

对铁路线路用地红线范围内的违法堆放隐患采取清理措施;对铁路线路安全保护区范围内的违法堆放隐患,依法向铁路监督管理机构和地方政府相关部门报告。

5.9 倒落隐患类

5.9.1 法律法规和标准规范相关要求

(1)《中国铁路总公司关于印发〈铁路技术管理规程〉的通知》(高速铁路部分)(铁总科技〔2014〕172 号)。

第 189 条 电力线路的电杆内缘至线路中心的水平距离不小于杆高加 3100mm。

(2)《中国铁路总公司关于印发〈铁路技术管理规程〉第一次修订内容的通知》(铁总科技〔2017〕221 号)。

第 209 条(摘引部分内容) 35kV 及以上铁路电力线路的杆塔内缘至铁路线路中心的水平距离不小于杆高加 3100mm。35kV 以下铁路电力线路的杆塔内缘至铁路线路中心的水平距离不小于 3100mm。

邻近铁路线路的路外电力线路杆塔内缘至铁路线路中心的最小水平距离应满足国家、行业相关标准规定,并采取防护措施防止杆塔倾倒后侵入铁路建筑限界。

(3)《110kV ~750kV 架空输电线路设计规范》(GB 50545—2010)。

(4)《关于中国移动通信公司在铁路用地范围内设置网络通信设备的意见》(铁运〔2008〕184 号)。

(5)《铁路电力设计规范》(TB 10008—2015)。

5.9.2 排查要求

排查倾倒后影响供电和列车运行的电力杆塔及废旧电力杆塔、上跨桥上附着的各类电力线缆;倾倒后影响供电和列车运行的通信杆塔、上跨桥上附着的通信、信号光电缆;倾倒后影响供电和列车运行的电气化铁路上跨桥上附着防抛网,燃气、燃油及输水管道;倾倒后影响列车运行的非电气化铁路沿线杆塔、上跨桥附属物隐患。

5.9.3 整治要求

(1)联系产权单位,将 35kV 以下的跨越线(包括通信线路、信息系统线路、广播电视线路等)改用下穿铁路的方式。

(2)联系产权单位或者相关的电力公司,对各类无人维护维修、停止运行的跨越线申报计划进行拆除。

(3)联系产权单位,对电气化铁路沿线的通信杆塔隐患采取加固或迁改方式整治,对各类无人维护维修、停止运行的通信杆塔申报计划进行拆除。

(4)联系产权单位或者相关的通管局,对电气化铁路沿线各类附挂在上跨桥防抛网外侧的通信(含电视)、信号线缆及通信、信号管(槽)道设施及附着物应采取拆除、改迁至防抛网内侧等措施,锈蚀严重、状态不良的通信、信号线缆及通信、信号管(槽)道等设备设施应予以拆除。

(5)联系产权单位或者相关的公路局,对各类附挂在电气化铁路沿线上跨桥防抛网外侧的燃气、燃油及输水管道应采取拆除、改迁至防抛网内侧、下穿等措施整治,对各类无人维护维修、停止运行的燃气、燃油及输水管道申报计划进行拆除。

(6)各类附挂在上跨桥防抛网外侧的缆线应采取拆除、改迁至防抛网内侧等措施,锈蚀严重、状态不良的缆线固定装置应予以拆除。

(7)对电气化铁路沿线的防抛网隐患采取加固方式整治。

(8)沿线跨越接触网的建(构)筑物、沿线架空线跨越接触网设备、沿线杆塔分别参照《铁路技术管理规程(普速铁路部分)》第203条、第204条、第209条执行。

5.10 树植隐患类

5.10.1 法律法规相关要求

(1)《中华人民共和国铁路法》(2015年修订)。

第四十六条 在铁路弯道内侧、平交道口和人行过道附近,不得修建妨碍行车瞭望的建筑物和种植妨碍行车瞭望的树木。修建妨碍行车瞭望的建筑物的,由县级以上地方人民政府责令限期拆除。种植妨碍行车瞭望的树木的,由县级以上地方人民政府责令有关单位或者个人限期迁移或者修剪、砍伐。

(2)《铁路安全管理条例》(国务院令第639号)。

第二十九条(摘引部分内容) 禁止在铁路线路安全保护区内烧荒、放养牲畜、种植影响铁路线路安全和行车瞭望的树木等植物。

(3)《中华人民共和国电力法》(2018年修订)。

第五十三条(摘引部分内容) 任何单位和个人不得在依法划定的电力设施保护区内修建可能危及电力设施安全的建筑物、构筑物,不得种植可能危及电力设施安全的植物,不得堆放可能危及电力设施安全的物品。

在依法划定电力设施保护区前已经种植的植物妨碍电力设施安全的,应当修剪或者砍伐。

(4)《高速铁路安全防护管理办法》(交通运输部令2020年第8号)。

第二十三条(摘引部分内容) 在高速铁路线路安全保护区内,禁止种植妨碍行车瞭望或者有倒伏危险可能影响线路、电力、牵引供电安全的树木等植物;对已种植的,应当依法限期迁移或者修剪、砍伐。

铁路运输企业发现高速铁路线路安全保护区内既有的林木存在可能危及高速铁路安全隐患的,应当告知其产权人或者管理人及时采取措施消除安全隐患。产权人或者管理人拒绝或者怠于处置的,铁路运输企业应当及时向铁路沿线林业主管部门报告,由林业主管部门协调产权人或者管理人采取措施消除安全隐患。

5.10.2 排查要求

对铁路沿线妨碍行车瞭望的树木、竹子,以及铁路线路、供电、电力线周边,可能发生倒伏侵限或影响接触网设备正常使用的危树、危竹进行全面排查。

5.10.3 整治要求

(1)对妨碍行车瞭望和可能发生倒伏侵限、影响接触网设备正常使用的树木、竹子及时进行处理,以不影响行车和线路设备作为整治标准。

(2)对完成砍伐、移植困难的,如古树、成段经济林等,可以采取修枝、打拉线牵引或撑杆支撑的方式及时进行处理。确有必要砍伐、移植的,应继续协调推进以彻底消除隐患。

5.11 违法排放类

5.11.1 法律法规相关要求

(1)《铁路安全管理条例》(国务院令第639号)。

第三十六条 在电气化铁路附近从事排放粉尘、烟尘及腐蚀性气体的生产活动,超过国家规定的排放标准,危及铁路运输安全的,由县级以上地方人民政府有关部门依法责令整改,消除安全隐患。

(2)《高速铁路安全防护管理办法》(交通运输部令2020年第8号)。

第二十条 在高速铁路附近从事排放粉尘、烟尘及腐蚀性气体的生产活动,应当严格执行国家规定的排放标准。

生态环境主管部门应当加大检查和管理力度,对相关违法行为依法进行处罚。

5.11.2 排查要求

排查铁路沿线电气化铁路附近从事排放粉尘、烟尘及腐蚀性气体的生产活动的场所单位或个人。

5.11.3 整治要求

通过协调地方政府执法部门对排放源头进行执法,依法予以取缔。

5.12 硬飘浮物类

5.12.1 法律法规相关要求

(1)《铁路安全管理条例》(国务院令第639号)。

第三十一条 铁路线路安全保护区内既有的建筑物、构筑物危及铁路运输安全的,应当采取必要的安全防护措施;采取安全防护措施后仍不能保证安全的,依照有关法律的规定拆除。

拆除铁路线路安全保护区内的建筑物、构筑物,清理铁路线路安全保护区内的植物,或者对他人在铁路线路安全保护区内已依法取得的采矿权等合法权利予以限制,给他人造成损失的,应当依法给予补偿或者采取必要的补救措施。但是,拆除非法建设的建筑物、构筑物的除外。

(2)《高速铁路安全防护管理办法》(交通运输部令2020年第8号)。

第二十四条 在高速铁路电力线路导线两侧各500m范围内,不得升放风筝、气球、孔明灯等飘浮物体,不得使用弓弩、弹弓、汽枪等攻击性器械从事可能危害高速铁路安全的行为。在高速铁路电力线路导线两侧升放无人机的,应当遵守国家有关规定。

对高速铁路线路两侧的塑料大棚、彩钢棚、广告牌、防尘网等轻质建筑物、构筑物,其所有权人或者实际控制人应当采取加固防护措施,并对塑料薄膜、锡箔纸、彩钢瓦、铁皮等建造、构造材料及时清理,防止大风天气条件下危害高速铁路安全。

(3)《广东省铁路安全管理条例》。

第十九条(摘引部分内容) 在铁路线路安全保护区的邻近区域采用彩钢瓦、铁皮、塑料薄膜等轻质材料搭建板房、彩钢棚、塑料大棚或者悬挂广告牌(匾)的,其产权人或者管理人应当加强管理,采取必要的安全防护措施,防止因掉落、脱落影响铁路运输安全。

(4)《湖南省铁路安全管理条例》。

第十七条 铁路线路安全保护区邻近区域的废品收购站、露天垃圾消纳点、堆放彩钢板等轻型材料的场所以及采用轻型材料搭建的建(构)筑物和广告牌、灯箱、塑料大棚等,其所有人、管理人或者使用人应当加强管理,采取必要的安全防护措施,防止轻质飘浮物危及铁路安全。所有人、管理人或者使用人拒绝采取安全防护措施或者采取安全防护措施后仍然危及铁路安全的,由当地人民政府或者铁路监督管理机构依法处理。

(5)《海南省铁路安全管理规定》。

第十一条 对铁路线路两侧500m范围内的塑料大棚、彩钢棚、广告牌、防尘网等建筑物、构筑物,其所有权人、管理人或者使用人应当采取必要的安全防护措施,并对塑料薄膜、锡箔纸、彩钢瓦、铁皮等建造、构造材料及时清理,防止因掉落、脱落、飘浮影响铁路安全。

(6)《湖南省高铁沿线彩钢房抗风验算及分类加固方案》(湘铁整治办〔2020〕6号)。

5.12.2 排查要求

铁路线路沿线可能被大风刮上铁路影响行车安全的彩钢瓦、石棉瓦、树脂瓦、铁皮房、广告牌、建筑材料、各类硬质围挡等硬飘浮物进行全面排查。

5.12.3 整治要求

(1)铁路用地红线内,与铁路运输生产安全无关且危及行车安全的所有建(构)筑物按照"拆、清、改"的原则整治到位;因铁路生产生活办公经营需要而无法拆除的,房屋结构稳固的可保留,并按照相关标准和要求进行加固。

(2)铁路线路安全保护区内,因铁路系统自身原因造成的环境安全隐患,优先拆除,无法拆除的应采取加固等安全防护措施;由于路外原因造成的外部环境安全隐患,既有的建(构)筑物应当采取必要的安全防护措施,采取安全防护措施后仍不能保证安全的,依照有关法律的规定拆除。

(3)铁路沿线两侧500m范围内(重点对两侧100m内),可能被大风刮上铁路影响行车安全的彩钢瓦等飘浮物采取加固等措施。

5.13 轻飘浮物类

5.13.1 法律法规和标准规范相关要求

(1)《铁路安全管理条例》(国务院令第639号)。同硬飘浮物类相关要求。

(2)《高速铁路安全防护管理办法》(交通运输部令2020年第8号)。同硬飘浮物类相关要求。

(3)《广东省铁路安全管理条例》。同硬飘浮物类相关要求。

(4)《湖南省铁路安全管理条例》。同硬飘浮物类相关要求。

(5)《海南省铁路安全管理规定》。同硬飘浮物类相关要求。

(6)《种植塑料大棚工程技术规范》(GB/T 51057—2015)。

第7.7.2条 塑料薄膜安装应符合下列要求:

1. 塑料薄膜安装宜先固定山墙薄膜,后固定屋面薄膜;

2. 塑料薄膜、卡槽、卡簧、压膜线安装应符合行业标准《温室覆盖材料安装与验收规范 塑料薄膜》(NY/T 1966—2010)的有关规定。

5.13.2 排查要求

铁路线路两侧500m范围内可能被大风刮上铁路影响行车安全的塑料薄膜、防尘网、土工布、广告布等轻质飘浮物。

5.13.3 整治要求

(1)铁路线路安全保护区内轻质垃圾,原则上须全部清理。红线内由铁路部门负责,红线外由地方负责。开放式垃圾站点类暂无法移除的,由管理单位每天清理,或采取封闭、遮罩加固等措施防止轻飘物吹上铁路线路。

(2)铁路线路安全保护区内废品收购站,原则上应予以拆除,安保区外的废品收购站,由管理单位、个人对轻飘浮物进行清理,采取加固措施,防止轻飘浮物被大风吹至铁路供电设备上。

(3)在铁路电力线路导线两侧各500m的范围内风筝、气球等低空飘浮物体一律清理。横幅、彩带等比照此规定办理。

(4)塑料大棚。铁路线路安全保护区内的一律拆除,保护区外优先考虑拆除。拆除有困难的,按照《种植塑料大棚工程技术规范》(GB/T 51057—2015)和《温室覆盖材料安装与验收规范 塑料薄膜》(NY/T 1966—2010)进行加固整治。

①安保区内插地钢管大棚、非合作社管理下的连栋大棚原则上必须拆除,对超出安保区的面积进行确认,明确是否需要拆除,确需拆除的经双方协商后给予适当补偿。红线交界处的拆除面积如图5-1所示。

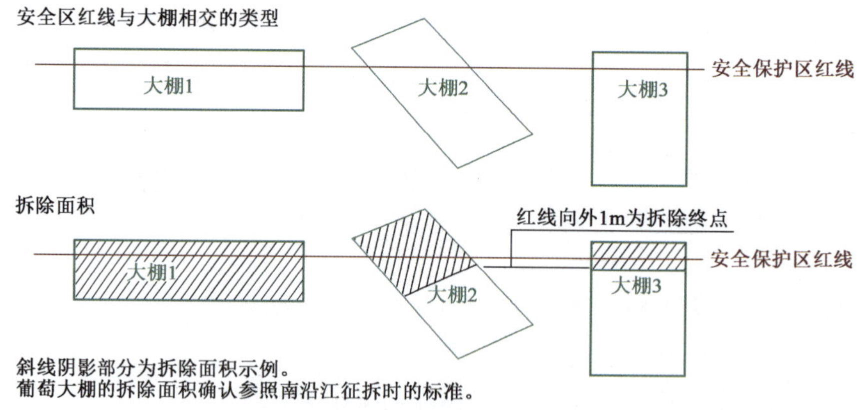

图5-1 红线交界处的拆除面积示意图

②合作社管理下的连栋大棚已连片成规模的,种植户与村、合作社签订安全协议,按规定采取必要的加固措施。

③安保区外至铁路两侧500m区域内采取以下方式管理。

a. 种植户:与村、合作社签订安全责任协议,按规定采取加固措施,必须在大棚本体上增加覆盖一道防风网,地锚固定防风网拉绳。

b. 行政村:监督种植户是否落实安全主体责任、采取措施加固大棚;在加固后的塑料膜上编号并登记造册,自喷漆在塑料膜上写种植人的名字并进行编号。

c. 属地乡镇政府:与村委会签订安全互控协议;指导村委会在路口等显著位置设置大棚编号网络化管理分布图(含种植品种、网格管理员等信息)。

④安保区外至铁路两侧500m之间采取以下方式加固。

a. 安保区外至铁路两侧500m之间的插地钢管大棚强化加固方案

如图5-2所示。大棚防风网相关的地锚固定、大棚编号、防风加固、增设压膜绳分别如图5-3~图5-6所示。

b. 安保区至铁路两侧500m之间的水泥柱连栋大棚强化加固方案如图5-7所示。

c. 安保区至铁路两侧500m之间的钢管连栋大棚强化加固方案如图5-8所示。

a)增设防风网前

b)增设防风网后

图5-2 插地棚加固前后对比

图5-3 地锚固定

图5-4 大棚编号

(5)防尘网、防晒网每个网片纵横以4m×4m的间隔均匀设置压实点,每间隔中心位置另增一压实点或捆扎点。每个压实点用废弃砖石块或编织袋装土进行覆压,或增加锚桩固定,每个网片的4个网角各设置1个锚固点,每个网角用绳索牢固栓系在木(竹、金属)橛锚桩上,锚桩钉入地下400mm以上。

图 5-5 防风网加固

图 5-6 增设压膜绳

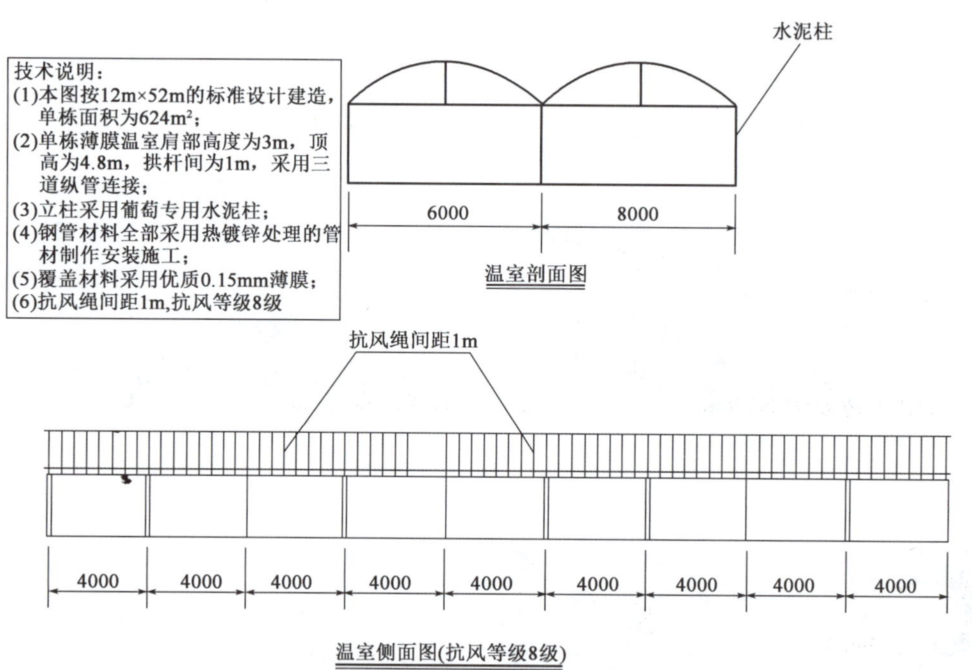

图 5-7 水泥柱连栋大棚强化加固示意图(尺寸单位:mm)

不具备设置锚桩(如混凝土地面)的处所,可采用单根金属管件(长条木、竹)对每个网片四边进行压实、骑缝处采用防锈铁线织连捆扎。

业主应定期检查连接紧固件或锚柱是否存在严重锈蚀、腐朽、松动、脱扣、脱槽、变形等现象。大风、大雨等恶劣天气来临前应全面检查加固,恶劣天气过后应检查紧固件并修复受损部件。

(6)生产所需地膜类轻飘物按照边角压实,每隔 1.5m 以内间距覆土压盖方式加固。生产过程中需要戳孔的,戳孔附近要加密压实。生产完成后,地面遗留旧膜要及时清理并集中收纳。地膜类压固如图 5-9 所示。

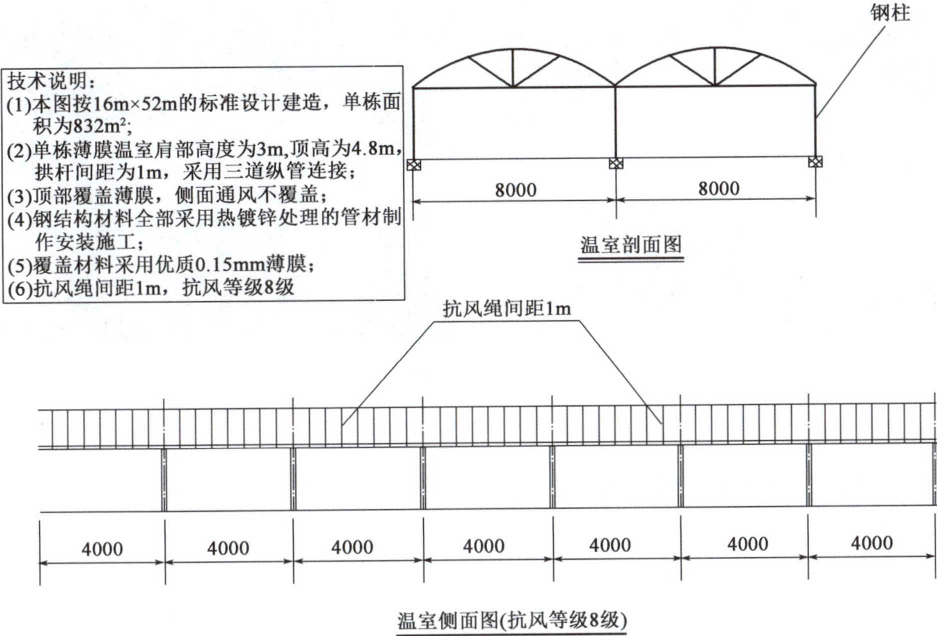

图 5-8 钢管连栋大棚强化加固示意图(尺寸单位:mm)

图 5-9 地膜类压固

(7)露天地膜、简易棚的整治要求包括安保区内地膜清理、简易棚拆除。安保区外至铁路两侧 500m 区域内采取以下方式压固。在薄膜上面增加覆盖一道防风网，防风网绳粗不小于 0.6cm，网孔不大于 0.6cm×0.6cm；用地锚固定防风网拉绳，防止大风吹起，地锚长度不小于 1m，锚入地下深度不小于 0.8m；在塑料膜上张贴种植人姓名及编号，如图 5-10 所示。

图 5-10　地锚固定防风网

5.14　危害铁路通信信号设施类

5.14.1　法律法规相关要求

(1)《铁路安全管理条例》(国务院令第 639 号)。

第五十二条　禁止实施下列危及铁路通信、信号设施安全的行为:

(一)在埋有地下光(电)缆设施的地面上方进行钻探,堆放重物、垃圾,焚烧物品,倾倒腐蚀性物质;

(二)在地下光(电)缆两侧各 1m 的范围内建造、搭建建筑物、构筑物等设施;

(三)在地下光(电)缆两侧各 1m 的范围内挖砂、取土;

(四)在过河光(电)缆两侧各 100m 的范围内挖砂、抛锚或者进行其他危及光(电)缆安全的作业。

(2)《中华人民共和国无线电管理条例》(国务院、中央军委令第 672 号)。

第六十四条　国家对船舶、航天器、航空器、铁路机车专用的无线电导航、遇险救助和安全通信等涉及人身安全的无线电频率予以特别保护。任何无线电发射设备和辐射无线电波的非无线电设备对其产生有害干扰的,应当立即消除有害干扰。

(3)《铁路无线电管理办法》(工信部、交通运输部令 2021 年第 56 号)。

第四条　国家无线电管理机构、国家铁路局以及有关铁路运输企业建立国家铁路无线电频率保护工作机制,组织开展全国铁路无线电频率保护工作。

省、自治区、直辖市无线电管理机构、地区铁路监督管理局和有关铁路运输企业建立本地区铁路无线电频率保护工作机制,负责协调处理本地区铁路无线电干扰查处等事宜。

第三十三条　国家对依法使用的用于铁路运营指挥调度、列车运行控制、安全通信等涉及人身安全的无线电频率予以特别保护。任何无线电发射设备和辐射无线电波的非无线电设备对其产生有害干扰的,应当立即消除有害干扰。

第三十五条(摘引部分内容) 省、自治区、直辖市无线电管理机构、地区铁路监督管理局和有关铁路运输企业建立的本地区铁路无线电频率保护工作机制,应当明确铁路运营指挥调度、列车运行控制等涉及铁路运营安全的无线电频率的保护工作方案和技术措施,指导有关单位采取必要措施,预防有害干扰发生。

5.14.2 排查要求

(1)按规定周期排查铁路沿线危害铁路直埋、架空、过河光(电)缆及管(槽)道光电缆径路等设备设施安全的违法行为。

(2)按规定及时排查铁路沿线违规使用、租借铁路专网频率和电信运营商基站干扰铁路无线通信的隐患问题。

5.14.3 整治要求

(1)及时制止铁路沿线危害铁路地下、架空、过河光(电)缆及管(槽)道光电缆径路等设备设施安全的违法行为,依法向铁路监督管理机构和地方政府相关部门报告。

(2)联系产权单位和地方政府无线电管理委员会,及时关闭、清理铁路沿线违规使用、租借或利用铁路专网频率进行测试的用户。

(3)联系电信运营商等产权单位,采取关闭干扰基站或调整基站邻频带宽、降低发射功率等进行“清频”和开展无线网络优化。

5.15 危害电气化铁路设施类

5.15.1 法律法规和标准规范相关要求

综合《中华人民共和国电力法》(2018 年修订)和《电力设施保护条例》(国务院令第 239 号)中对危害电气化铁路设施类相关规定如下。

(1)任何单位或个人在架空电力线路保护区内不得修建可能危及电力设施安全的建筑物,不得种植可能危及电力设施安全的植物。保护区范围为:

10kV 线路边线两侧各 5m;

35 ~ 110kV 线路边线两侧各 10m;

220kV 线路边线两侧各 15m;

500kV 线路边线两侧各 20m。

(2)任何单位或个人不得在距架空电力线路杆塔、拉线基础外缘的下列范围内进行取土、打桩、钻探、开挖或倾倒酸、碱、盐及其他有害化学物品的活动:

35kV 及以下电力线路杆塔、拉线周围 5m 的区域;

66kV 及以上电力线路杆塔、拉线周围 10m 的区域。

(3)架空电力线路导线在最大弧垂或最大风偏后与树木之间的安全距离见表 5-8。

安全距离(单位:m)　　表 5-8

电压等级(kV)	最大风偏距离	最大垂直距离
35 ~ 110	3.5	4.0
154 ~ 220	4.0	4.5
330	5.0	5.5
500	7.0	7.0

对不符合表 5-8 中要求的树木应当依法进行修剪或砍伐,所需费用由树木所有者负担。

(4)《铁路安全管理条例》(国务院令第 639 号)。

第五十三条　禁止实施下列危害电气化铁路设施的行为:

(一)向电气化铁路接触网抛掷物品;

(二)在铁路电力线路导线两侧各 500m 的范围内升放风筝、气球等低空飘浮物体;

(三)攀登铁路电力线路杆塔或者在杆塔上架设、安装其他设施设备;

(四)在铁路电力线路杆塔、拉线周围 20m 范围内取土、打桩、钻探或者倾倒有害化学物品;

(五)触碰电气化铁路接触网。

(5)《铁路技术管理规程(高速铁路部分)》。

第 184 条规定了架空电线路跨越接触网时,其最小垂直距离,见表 5-9。

跨越接触网的架空电线路与接触网的垂直距离　　表 5-9

跨越接触网的电力线路电压等级(kV)	电力线至接触网的垂直距离(m)
35 ~ 110	3.0
220	4.0
500	6.0

35kV 及以下电力线路,不得跨越接触网,应由地下穿过铁路。

普通铁路(含普通电气化铁路和非电气化铁路)与架空线路交叉跨越,《铁路电力设计规范》(TB 10008—2015)第 7.7.3 条规定了电力线路与铁路交叉跨越的要求。

5.15.2　排查要求

按规定周期排查铁路沿线攀登铁路电力线路杆塔或者在杆塔上架设、安装其他设施设备,在铁路电力线路杆塔、拉线周围 20m 范围内取土、打桩、钻探或者倾倒有害化学物品,向电气化铁路接触网抛掷物品和触碰电气化铁路接触网等违法行为。

5.15.3 整治要求

及时制止《铁路安全管理条例》第五十三条相关违法行为，依法向铁路监督管理机构和地方政府相关部门报告。

5.16 非法通行类

5.16.1 法律法规相关要求

(1)《中华人民共和国铁路法》(2015 年修订)。

第四十七条 禁止擅自在铁路线路上铺设平交道口和人行过道。

平交道口和人行过道必须按照规定设置必要的标志和防护设施。

行人和车辆通过铁路平交道口和人行过道时，必须遵守有关通行的规定。

(2)《铁路安全管理条例》(国务院令第 639 号)。

第七十七条(摘引部分内容) 禁止实施下列危害铁路安全的行为：

(一)在铁路线路上行走、坐卧或者在未设道口、人行过道的铁路线路上通过；

(二)擅自进入铁路线路封闭区域或者在未设置行人通道的铁路桥梁、隧道通行。

5.16.2 排查要求

对正线非法道口、非法人行过道进行全面排查。其中，非法道口是指存在日常非法通行机动车辆情况的处所，非法人行过道是指设有铺板、石块等非法填充物不通行机动车辆的穿越处所。

5.16.3 整治要求

(1)对正线所有非法道口、非法人行过道进行建档立卡。

(2)相关铁路单位依照《中华人民共和国铁路法》《铁路安全管理条例》规定，致函地方政府，采取清理道心非法填充物、阻断线路两侧道路等措施，依法取缔非法道口、非法人行过道。

5.17 非法烧荒类

5.17.1 法律法规相关要求

(1)《铁路安全管理条例》(国务院令第 639 号)。

第八十八条 在铁路线路安全保护区内烧荒、放养牲畜、种植影响铁路线路安全和行车瞭望的树木等植物，或者向铁路线路安全保护区排污、倾倒垃圾以及其他危害铁路安全的物质的，由铁路监督管理机构责令改正，对单位可以处5万元以下的罚款，对个人可以处2000元以下的罚款。

(2)《高速铁路安全防护管理办法》(交通运输部令2020年第8号)。

第十三条(摘引部分内容) 禁止在高速铁路线路安全保护区内烧荒、放养牲畜。

5.17.2 排查要求

排查铁路线路安全保护区内烧荒行为。

5.17.3 整治要求

发现铁路安全保护区内烧荒行为应及时制止并向铁路公安机关报告，同时依法向铁路监督管理机构和地方政府相关部门报告。

5.18 放养牲畜类

5.18.1 法律法规相关要求

(1)《铁路安全管理条例》(国务院令第639号)。

第二十九条(摘引部分内容) 禁止在铁路线路安全保护区内烧荒、放养牲畜、种植影响铁路线路安全和行车瞭望的树木等植物。

(2)《高速铁路安全防护管理办法》(交通运输部令2020年第8号)。

第十三条(摘引部分内容) 禁止在高速铁路线路安全保护区内烧荒、放养牲畜。

5.18.2 排查要求

(1)排查铁路线路安全保护区内放养牲畜的行为。

(2)以近5年管内普铁大牲畜上道情况为基础数据，主动与沿线铁路公安派出所衔接，重点掌握沿线养牛户的详细资料和可能上道的铁路里程范围。

5.18.3 整治要求

(1)发现铁路线路安全保护区内存在放牧行为应及时制止并向铁路公安机关报告，会同铁路公安机关对行为人进行路外宣传和铁路安全教育。

(2)对铁路非封闭区段沿线放牧隐患处所全面排查，并建档立卡。

(3)对非铁路封闭区段有大牲畜上线处所设置防牛栏(网)。

第三篇　专项管理

6 铁路道口安全和“平改立”管理

6.1 铁路道口设立原则

依据《铁路安全管理条例》，铁路与道路交叉处应当优先考虑设置立体交叉；未设置立体交叉的，可以根据国家有关规定设置平交道口或者人行过道。在城区、镇区内，应尽量减少设置平交道口或者人行过道；因特殊情况设置时应预留改造条件，便于后期实施“平改立”。

设计速度 120km/h 及以上的铁路和重载铁路，应按全封闭、全立交设计；设计速度 120km/h 以下的客货共线铁路与公(道)路的交叉宜设置立体交叉。

新建铁路道口，按照《铁路道口管理暂行规定》(经交〔1986〕161 号)规定，在人口稠密地区，以 2km 以内不超过一处为宜；在人口较稀疏地区，道口还应适当减少；铁路车站内原则上不设道口；在城市内，应结合城市规划综合考虑铁路与道路的交叉设施。

凡未经合法手续设置的不合理道口、按协议需拆除的道口，以及危及铁路与道路交通安全的道口，应一律拆除。在 1km 内或一个村庄(屯)有多处道口，以及同一条道路在铁路同一个区间(两个车站之间)穿越两次及以上的道口，原则上只许保留一处。暂时或短期内不能拆除的需制定规划，限期拆除。拆除已经设置的平交道口或者人行过道，由铁路运输企业或者建有专用铁路、铁路专用线的企业或者其他单位和当地人民政府商定。

道口两侧的道路上除应根据规定设置护桩外，还应按照道路交通管理有关规定设置交通标志、路面标线、立面标志，并根据需要设置栅栏。电气化铁路的道口应在公(道)路上设置限界架及限高标志，其通过高度不得超过 4.5m。

道口移动栏杆、列车接近报警装置、警示灯等安全防护设施由铁路运输企业设置、维护；警示标志、铁路道口路段标线由铁路道口所在地的道路管理部门设置、维护。

汽车驾驶者在距道口相当于该级公路停车视距并不小于 50m 处，应能看到两侧铁路上火车的范围。最小瞭望视距见表 6-1。

路段旅客列车不同行车速度下汽车驾驶员侧向最小瞭望视距　　表 6-1

路段旅客列车设计行车速度(km/h)	汽车驾驶员侧向最小瞭望视距(m)
140	470
120	400
100	340
80	270

有人看守道口应设置道口看守房和电力照明以及栏木或电动门、通信(有线和无线)、道口自动通知、道口自动信号、遮断信号灯安全预警设备。无人看守道口应设置警示标志,并根据需要设置道口自动信号和道口监护设施。

6.2 铁路道口安全管理

铁路道口未实施“平改立”工程前,铁路运输企业、道口产权单位、道路管理部门以及公安部门等应严格按照《铁路道口管理暂行规定》(经交〔1986〕161 号)、《铁路道口管理办法》(铁总运〔2013〕121 号)、《中华人民共和国道路交通安全法》等规定,强化安全隐患排查治理,加强道口安全重点问题整治,科学规划设置人行立交通道,补强安全防护及附属设施,保障道口列车运行安全。

6.2.1 道口看守作业

道口看守员要坚持“多瞭望、勤出场、早关门、立好岗”作业标准。多瞭望:道口工当班作业过程中,必须时刻观察道路交通通行情况和列车接近报警设备状态;勤出场:交通繁忙时段勤出场,主动疏导交通,防止道口范围机动车堵塞;早关门:根据列车运行信息,在列车到达道口前 3 ~5min 关闭栏门(杆);立好岗:关闭栏门(杆)确认道口设备正常后,手持信号旗(灯)和列调电台,面向来车方向接车,并目送列车出清道口。

道口发生危及行车安全的故障时,道口看守人员必须严格遵守“先防护、后处理”和“宁停勿撞”的原则,履行各单位制定的《铁路道口故障应急处置措施》中规定的岗位职责,按照“拉(拉响警报)、呼(呼叫支援)、跑(跑动检查)”原则,利用一切便利条件和道口先进设备及时、果断处理险情,确保道口安全。

6.2.2 道口安全防护设施设备管理

铁路运输企业和道口产权单位应开展动态道口车流量和环境变化等情况调查,符合看守条件时实施看守。有关单位应严格按标准设置道口预警、通信联络等防护设施设备以及安全防护警示标志,保证道口设施设备、警示标志完整有效。加强道口人员培训,严格落实道口作业标准,推广实施道机联控。由地方政府组织监护的道口,监护人员及设备设施可参照铁路有人看守道口要求设置及管理。监护管理所需经费,由地方政府商铁路运输企业结合当地情况自行解决。

6.2.3 道口道路交通管理

加强道口两侧道路车辆乱停、逆行、抢行等造成拥堵问题的治理,对于交通特别繁忙和易发、多发肇事问题的道口,要做好交通秩序的维护工作。可采用在道口设置交通违法拍照、在导航地图中加入道口语音警示和限速要求等措施,进一步维护好道口通行秩序。

机动车或者非机动车在铁路道口内发生故障或者装载物掉落的,应当立即将故障车辆或者掉落的装载物移至铁路道口停止线以外或者距铁路线路最外侧钢轨 5m 以外的安全地点。无法立即移至安全地点的,应当立即报告铁路道口看守人员;无人看守的道口,应当立即在道口两端采取措施拦停列车,并就近通知铁路车站或者公安机关。

履带车辆等可能损坏铁路设施设备的车辆、物体通过铁路道口时,应当提前通知铁路道口管理单位,在其协助、指导下通过,并采取相应的安全防护措施。

6.2.4 人行通道规划设置

坚持疏堵结合的原则,铁路运输企业协调铁路沿线地方人民政府有关部门,研究重点地段上跨线路人行桥、下穿涵洞、线路封闭、建设地方道路引导绕行等技术方案,积极筹措资金推进建设,最大限度满足铁路沿线群众出行的基本需求,降低路外伤害事故发生的风险。

6.2.5 安全防护设施补强

对瞭望条件差的无人道口,可增设道路信号与铁路来车联动警示装置;在通行客运机动车、多方向机动车道、道口位于坡道下方等重要道口地段,可设置减速带、限速标志等,提示机动车驾驶员减速慢行。

6.2.6 开展针对性路外安全宣传

深入推进“五进”(进企业、进农村、进社区、进学校、进家庭)宣传,提高周边群众铁路安全保护意识,引导教育车辆、行人有序通过道口。加大对通行旅客列车、公共汽车和客运车辆的道口安全防范力度。对通行校车、公共汽车的道口要进行重点摸排,建立安全联控机制,对符合条件的,与校车、公共汽车长期通行道口的学校、公交公司等单位签订安全协议,明确道口应急处置流程和双方责任,采取校车、公共汽车道口处一度停车或停车登记等措施,坚决杜绝群死群伤重特大事故。

6.3 铁路道口“平改立”

6.3.1 推进计划

各省和铁路运输企业按照部际联席会议工作要求,结合本地实际,优先安排时速 120km 以上线路道口、人员车辆通行繁忙道口,以及通行旅客列车、客运班车和公共汽车道口改造项目,纳入年度改造计划,逐年推进实施铁路道口“平改立”。

6.3.2 工作协调

铁路运输企业结合地方人民政府建设规划和工作实际，与规划、发展和改革、交通运输等相关部门协商确定铁路道口“平改立”年度改造计划，报送交通运输主管部门或道路建设管理部门，签订立交改造协议，地方人民政府在国土空间规划中统筹安排铁路道口“平改立”项目实施。改造后，由地方人民政府有关部门和相关铁路运输企业及接管部门联合组织验收，明确产权及管理养护责任。原则上，下穿的框构桥主体结构由铁路运输企业或产权单位负责，引道、排水和照明等附属设施由地方人民政府有关部门负责；上跨铁路立交桥由地方人民政府有关部门负责。

6.3.3 资金保障

各级地方人民政府有关部门、各铁路运输企业要实现治理资金预算制度化、常态化，提前谋划次年治理工作重点，明确计划目标，将工作纳入各自年度更新改造计划和财政预算，并结合综合交通枢纽规划，与城市规划建设资金保障有效衔接。

铁路监管部门推动建立治理补偿资金机制，拓宽资金渠道，补充铁路道口“平改立”等重点任务资金缺口，结合区域差异，向重点地区、重点线路以及治理示范地区倾斜。

实施铁路道口“平改立”工程投资划分按《铁路、公路、城市道路设置立体交叉的暂行规定》(〔81〕建发交字 532 号)等相关规定办理。

(1)铁路改建时，与既有公路、道路交叉的原有平交道口，需改建为立体交叉时，其工程投资按下述情况分别处理：

①铁路与一级公路、二级公路、城市道路交叉的既有平交道口，改建为立体交叉，原则上各自承担本部门的工程和投资，如工程投资划分困难，可由铁路与公路、道路部门各承担一半。

②铁路与其他等级的公路、县城道路交叉的既有平交道口，按原有公路、道路标准改建为立体交叉，其主要工程投资由铁路部门承担，公路、道路引道工程的征地、拆迁(包括临时工程)工作及其费用，由公路、道路部门承担。如公路、道路部门要求超过公路、道路原标准，改按规划位置、标准设置立体交叉时，由此增加的工程投资，由公路、道路部门承担。

(2)公路、道路改建时，与既有铁路交叉的原有平交道口，需改建为立体交叉时，原则上各自承担本部门的工程和投资，如铁路部门要求超过原标准改按规划位置、标准设置立体交叉，由此增加的工程投资，由铁路部门承担。

(3)铁路、公路、道路都没有建设任务的既有平交道口，如经双方商定改为立体交叉时，可比照上述规定办理。

7 上跨铁路立交桥移交和管理

7.1 移交工作要求

7.1.1 基本要求

铁路运输企业应会同各有关单位,依据有关规定,对现有未移交的存量上跨铁路立交桥开展产权移交工作,并按照立交桥建设年代的道路桥梁建设标准、运行管理相关规定和技术标准组织验收。本书提到的道路是指公路、城市道路和虽在铁路单位管辖范围但允许社会机动车通行的地方。

经过2020年至2022年为期3年的路外安全环境隐患整治行动工作,铁路局集团公司管内上跨桥除少数桥梁以外已基本完成移交工作,但在前期移交过程中仅将部分产权不清晰或产权明确归属铁路的桥梁进行移交,为避免后续因产权纠纷导致的维养责任划分不清晰及其他相关安全责任问题,各单位应结合实际情况,通过正式移交、组织会议、签订协议等方式做好剩余桥梁的确权工作。

新建上跨铁路立交桥要落实设计文件审查、招标等程序和各方责任,依法明确安全技术要求和保障措施,严格工程监督管理,严格落实质量安全终身责任制,任何单位和个人不得以任何理由要求代建,不得违规设置限制条件或规避招标,坚决杜绝新建上跨铁路桥梁产权和安全责任不明晰、设计不符合规范、质量达不到要求、安全防护设施不完善、内业资料缺失等问题。竣工验收合格后,同步办理验收和移交,杜绝新建上跨铁路立交桥产权不明晰问题,并为后期养护管理、定期检测和维修预留检查通道或条件。

7.1.2 牵头部门和单位

产权移交工作由上跨铁路立交桥建设单位牵头,原建设单位已经撤销、建设年代久远的由铁路运输企业牵头,主动对接道路管理部门,做好移交准备,梳理完善桥梁竣工资料,形成移交清单,组织开展桥梁技术状况评定,逐桥建立问题台账,消除安全隐患,研究移交方案,明确责任部门、责任人和移交期限。

7.1.3 移交条件

对于技术档案基本齐全、符合建设时期技术标准的桥梁,或经工程质量检测鉴定且技术状况评定为一、二类的桥梁,应按规定组织验收和移交;对技术档案缺失的桥梁,或不符合建设时期技术标准的桥梁,或经工程质量检测鉴定技术状况达不到一、二类的桥梁,由桥梁建设单位或铁路运输企业组织桥梁实体质量整治,等待建设期技术标准或工程质量检测鉴定技术状况达到一、二类后,再行验收和移交。护栏和路灯杆、交通监控、防落物网(屏)等附属设施与桥梁主体结构同步移交。

7.1.4 协调配合

铁路建设单位或铁路运输企业应与各地交通运输、住房和城乡建设(城市道路管理)主管部门主动对接,加强督促协调和业务指导,按照上跨铁路立交桥所在道路的管辖权,逐桥明确接养单位,组织铁路运输企业、接管单位做好验收、移交和接养工作,铁路监管机构加强协调督促。铁路建设单位或铁路运输企业提前整理备齐移交桥梁的相关资料,形成移交清单。

桥梁接管单位应积极参与,配合铁路运输企业组织开展移交前的桥梁检测评定及相关资料的整理、归档、移交等工作,提前做好桥梁接养准备。

铁路运输企业在对跨铁路桥梁进行移交前的桥梁技术状况检测时,地方政府有关部门应积极配合并提供便利条件。

7.2 安全管理

桥梁接管单位与铁路运输企业应签订安全生产管理协议,对已接管桥梁加强日常检查和安全监测,严格按照国家和行业标准规范及桥梁移交协议做好日常管理和养护工作。

7.2.1 防护标准

(1)铁路跨线桥是指在公路与铁路的交叉点,从公路上方跨越的铁路桥梁;公路跨线桥是指在公路与铁路的交叉点,从铁路上方跨越的公路桥梁。防护标准如下:

①路侧护栏面距桥墩的净距应大于护栏最大横向动态位移外延值和车辆最大动态外倾当量值。

②路侧护栏的结构形式宜采用刚性护栏。

(2)铁路跨线桥桥墩位于公路路侧计算净区宽度范围外时,公路应设置路侧护栏,护栏的防护等级宜在《公路交通安全设施设计规范》(JTG D81—2017)规定的基础上提高一个等级,且不应低于三(A)级。

(3)当铁路跨线桥桥墩设置在公路中央分隔带时,桥墩两侧应设置防撞护栏,并满足下列要求:

①防撞护栏的防护等级应在规定的基础上提高一个等级,且不应低于六(SS)级。

②防撞护栏面距桥墩的净距应大于护栏最大横向动态位移外延值和车辆最大动态外倾当量值。

③防撞护栏的结构形式应采用刚性护栏。

(4)护栏的设置范围应为铁路线路安全保护区宽度(当斜交时,应取最大的斜交宽度)并分别向外延长 20m。

(5)护栏与相邻路段的结构形式或防护等级不同时,应进行过渡段设计。

(6)上跨铁路的公路跨线桥应设置护栏,并符合下列规定:

①上跨高速铁路和城际铁路的公路跨线桥路侧护栏应采用两道护栏,两道护栏间距不宜小于 1.5m。

②上跨其他等级铁路的公路跨线桥路侧护栏宜采用两道护栏,两道护栏间距不宜小于 1.0m。已建公路加宽困难或新建公路受条件限制时,经技术论证后可采用一道护栏。

③按照公路和铁路的功能、等级、设计速度,将公路与铁路分别分为三个级别,不同级别的公路和铁路立体交叉形成五大类、九小类公铁立体交叉类型,具体分类见表 7-1。

公路、铁路立体交叉分类 表 7-1

级别	高速铁路、城际铁路	设计速度 120km/h 及以上的客货共线铁路、重载铁路	设计速度 120km/h 以上的铁路
高速公路、一级公路	Ⅰ类	Ⅱb 类	Ⅲc 类
一级公路、二级公路	Ⅱa 类	Ⅲb 类	Ⅳb 类
三级公路、四级公路	Ⅲa 类	Ⅳa 类	Ⅴ类

不同类型的公铁立体交叉,公路路侧护栏的防护等级应按表 7-2 的规定选取。

公路跨线桥的路侧护栏防护等级及适用条件 表 7-2

公铁立交分类	护栏形式及防护等级		
	双护栏		单护栏
	内侧护栏	外侧护栏	
Ⅰ	八(HA)级	六(SS)级	—
Ⅱ、Ⅲ	七(HB)级	六(SS)级	八(HA)级
Ⅳ	六(SS)级	六(SS)级	七(HB)级
Ⅴ	—	—	六(SS)级

注:1. 上跨铁路的高速公路、一级公路跨线桥应设置中央分隔带护栏,护栏的防护等级不应低于六(SS)级。

2. 路侧护栏除在铁路正上方的桥梁路段进行设置外,还应在车辆来向方向和去向方向一定距离内连续设置,跨线桥护栏车辆去向设置长度应沿铁路线路安全保护区宽度向外延长 20m。

3. 护栏与相邻路段的结构形式或防护等级不同时,应进行过渡段设计。

4. 护栏设置还应符合《公路交通安全设施设计规范》(JTG D81—2017)的相关规定。

(7)上跨铁路的公路路段交通标志标线设置应满足下列要求:

①宜在跨线桥前设置“前方跨越铁路”标志。

②跨线桥路段应设置禁止跨越同向行车道分界线和禁止跨越对向行车道分界线,并在路侧设置禁止超车标志。

③跨线桥路段应设置禁止停车线,并配合“禁止停车”标志一起使用。

(8)上跨铁路的公路跨线桥应设置防落物网,并符合下列规定:

①公路跨线桥路侧护栏采用两道护栏时,防落物网宜设置在外侧护栏上。

②公路跨线桥采用分离式结构时,应在桥梁内侧设置防落物网,或采用钢板盖板封闭中央分隔带之间的空隙。

③上跨高速铁路和城际铁路的公路跨线桥防落物网距路面的高度不应低于4m,上跨铁路的公路跨线桥防落物网距路面的高度不应低于2.5m。

④上跨铁路电气化区段的公路跨线桥防落物网应设置“高压危险”警示标志。

⑤防落物网设置还应符合《公路交通安全设施设计规范》(JTG D81—2017)的相关规定。

(9)上跨高速铁路和城际铁路的公路跨线桥应设置异物侵限监测系统和视频监控系统,并符合下列规定:

①异物侵限监测装置宜垂直安装在桥面上,且设置专用检修通道,净宽不应小于0.75m。

②异物侵限监测装置顶面距桥面高度不应低于2m。

(10)公路跨线桥跨越范围内桥梁梁底、防撞护栏外侧、栏杆及防落网上严禁附挂标牌、标志或管线、槽道等附属设施。

(11)公路跨线桥跨越范围内桥面灯杆不宜设在桥面外侧,并采取防止灯杆倾覆侵入桥下铁路建筑限界的措施。

(12)公路跨线桥不应铺设高压电缆、燃气管和其他可燃(易爆)、有毒或有腐蚀性液(气)体管道。

(13)公路跨线桥上的所有金属物均应接地,接地电阻应小于10Ω。

从铁路上方跨越的道路参考执行。

7.2.2 设施设备日常管理

上跨铁路桥梁接管单位应严格按照国家和行业标准规范及移交协议,做好上跨铁路立交桥主体结构、护栏、防落物网、安全警示标志、路灯杆和交通监控等附属设施的管理养护工作,保持主体结构和附属设施状态良好。对限速限重标志、标线、减速和引导设施不按规定设置、缺失、不准确或管理维护不到位等隐患问题加强整治。

对因维护管理不到位导致防护设施设备缺失、破损、松脱、坠落等问题进行重点整治,要防止车辆及其他物体坠落铁路线路或侵入铁路限界,凡发生过车辆坠落铁路事故的,相关防护设施依据现行标准进行适度提升。

铁路运输企业做好异物侵限报警、铁路视频监控等铁路专用安全防护设施设备管理维护工作,需桥梁接管单位配合时,应提前告知桥梁接管单位,桥梁接管单位应无偿配合铁路运输企业开展相关工作,尽量提供便利条件。

7.2.3 涉铁施工维修安全管理

加强部门间沟通协调,上跨铁路桥梁接管单位开展上跨铁路桥梁巡查保养、检查检测、技术状况评定、养护维修、加固改造，以及根据需要对桥梁护栏等安全设施进行完善提升时，应提前告知铁路运输企业；铁路运输企业应无偿配合桥梁接管单位开展相关工作，尽量提供便利条件，按照铁路营业线施工安全管理有关规定，及时受理桥梁接管单位提交的检查、检测、维修及加固改造等养护作业方案、计划申请，综合利用铁路施工和维修天窗，满足桥梁养护工作需要，具体配合事宜由铁路系统和地方政府双方根据实际协商。

上跨铁路桥梁接管单位的安全员、防护员、联络员、带班人员和工班长应当经过铁路运输企业营业线施工相关知识培训，未经培训或培训不合格的人员不得担任上述工作。施工期间，铁路运输企业要根据需要派专人配合，指导、协助桥梁管养单位在铁路线路安全保护区范围内安全作业。坚决杜绝铁路系统和地方政府双方沟通不畅、移交后管理养护不到位、路外单位擅自施工等问题。

"上跨铁路立交桥移交协议书"（参考模板）可扫描二维码下载查看。

扫码下载

8 铁跨公防护设施设置和养护

8.1 设置原则

8.1.1 限高架

铁跨公立交桥涵其净空高度不足5m时,应设置铁跨公限高架,并函商公路管理部门或当地人民政府指定的部门同步设置限高、限宽标志。

铁跨公立交桥涵非机动车道若不能确保其不通过中型或大型机动车辆的,应设置铁跨公限高架。

8.1.2 防撞护栏

铁跨公立交桥桥墩位于公路路侧计算净区宽度范围内时,公铁交叉范围内的公路路侧应设置防撞护栏。

铁跨公立交桥桥墩位于公路路侧计算净区宽度范围外时,公路应设置路侧防撞护栏。

铁跨公立交桥桥墩仅次于公路中央分隔带时,桥墩两侧应设置防撞护栏。

8.1.3 防护网

铁跨公立交桥跨越公路范围应设置防护网。

8.2 设置标准

8.2.1 限高架

铁跨公限高架的设置位置不能影响其他相邻道路的正常通行,设置宽度不得小于道路路面的实际宽度,距桥涵外侧边缘的距离应满足《铁路安全管理条例》关于铁路安全保护区距离的规定;因条件限制无法满足规定距离要求时,可适当调整。

铁跨公限高架设置净空高度(横梁底至路面)在任何情况下都应低于桥涵净空高度20~100mm。

新建、改建铁跨公限高架结构形式及材料应符合《铁路桥限高防护架设计图》(图号:专桥设〔05〕8184)的要求。特殊情况需个别设计时,应由具备相应资质的设计单位设计。

铁跨公限高架应按规定涂刷黄黑相间警示条纹(有特殊要求除外),条纹宽度 200mm,条纹垂直于杆件轴线方向。

8.2.2 防撞护栏

(1)铁跨公立交桥桥墩位于公路路侧计算净区宽度范围内时,公铁交叉范围内的公路路侧防撞护栏应满足下列要求:

①公路应设置路侧护栏,护栏的防护等级应在《公路交通安全设施设计规范》(JTG D81—2017)规定的基础上提高一个等级,且不应低于六(SS)级。

②路侧护栏面距桥墩的净距应大于护栏最大横向动态位移外延值和车辆最大动态外倾当量值。

③路侧护栏的结构形式宜采用刚性护栏。

(2)铁跨公立交桥桥墩位于公路路侧计算净区宽度范围外时,公路应设置路侧防撞护栏,护栏的防护等级宜在《公路交通安全设施设计规范》(JTG D81—2017)规定的基础上提高一个等级,且不应低于三(A)级。

(3)铁跨公立交桥桥墩仅次于公路中央分隔带时,桥墩两侧应设置防撞护栏,并满足下列要求:

①防撞护栏的防护等级应在《公路交通安全设施设计规范》(JTG D81—2017)规定的基础上提高一个等级,且不应低于六(SS)级。

②防撞护栏面距桥墩的净距应大于护栏最大横向动态位移外延值和车辆最大动态外倾当量值。

③防撞护栏的结构形式宜采用刚性护栏。

(4)护栏的设置范围应为铁路线路安全保护区宽度(当斜时,应取最大的斜交宽度)并分别向外延长 20m。

(5)护栏与相邻路段的结构形式或防护等级不同时,应进行过渡段设计。

8.2.3 防护网

铁跨公桥梁应设置防护网,且符合《公路交通安全设施设计规范》(JTG D81—2017)、《铁路桥梁防护网暂行技术条件》(铁工电〔2023〕172 号)的有关规定。

8.3 维护管理

8.3.1 限高架

(1)限高架原则上由工务段负责维护,在建设时已明确管养单位的除外。根据国家有关规定,城市道路的限高、限宽标志由当地人民政府指定的部门设置并维护,公路的限高、限宽标志由公路管理部门设置并维护。国家规定以外的非等级公路的限高、限宽标志由工务段设置并维护。

(2)工务段负责管内立交桥涵限高架的日常检查、维护,发现破损、撞损铁跨公限高架的,工务段要采取有效措施防范机动车碰撞铁路桥涵,并在一个星期内加固或修复限高架。对由其他单位负责维护的限高架,发现破损、撞损时要及时通知并督促相关单位做好限高架的加固或修复工作。

发现城市道路或公路的限高、限宽标志缺失、不清晰或与实际限制不符时,应及时向公路管理部门或当地人民政府指定的部门报告,要求其更新或修复标志;对于非等级公路,应由工务段及时更新或修复标志。

(3)新建铁路上跨道路立交桥涵施工期间,符合铁跨公限高架安设条件而尚未安设之前,建设单位应督促施工单位采取可靠措施,禁止超限机动车辆通行。

(4)对经常被撞的立交桥涵安装的限高架,要分析被撞原因,恢复时应加强结构强度或采取监控预警措施,确保能及时发现碰撞,及时加固和修复。

(5)新建、改建铁路和道路时,铁跨公限高架和限高、限宽标志与立交桥涵主体工程同时设计、同时施工、同时投入使用。立交桥涵开通前,建设单位按标准完成铁跨公限高架的地方,并函商当地人民政府指定的部门或公路管理部门设置限高、限宽标志。凡符合设置条件而未设或设置不符合要求的,应抓紧或协商有关部门限期整改;整改未完成的,建设单位不得组织验收、立交桥涵不得开通。

(6)新建、改建下穿道路,引起铁跨公限高架改设或增设的,由道路建设单位负责;新建、改建铁路上跨既有道路,引起铁跨公限高架改设或增设的,由铁路建设单位负责,改设或增设后的铁跨公限高架应无偿移交所在铁路局(已明确维护单位的除外),并由其管理和维护。

既有下穿道路改建施工期间,需要临时拆除铁跨公限高架的,道路建设单位应采取可靠措施,禁止超限机动车辆通行,并与工务段签订相关安全协议,明确安全管理责任。

(7)通行高度小于3m的铁跨公立交涵洞,可视其实际通行车辆情况,暂缓设置限高架。

(8)工务段须建立限高架设备管理台账,并将安装记录记入“桥隧登记簿”,每半年对数据进行一次核查,数据发生变化的要进行修正,实行动态管理,并及时下发到桥隧车间、工区。

(9)铁跨公限高架检查应采用添乘检查与现场检查相结合的方式。工务段应将铁跨公限高架纳入添乘人员重点检查内容。检查人员发现铁跨公限高架损坏、丢失或因道路情况变化需新设、调整限高架等情况时,要及时通知责任单位整改。检查分为经常检查、定期检查、重点检查。

(10)工务段在接到通知或发现铁跨公限高架被撞损坏、丢失时,要及时报告公安机关,立即派人到现场查明情况并组织修复,报告当地人民政府指定的部门或公路管理部门采取措施禁止超限机动车辆通行。未修复前,梁桥、拱桥要派专人每天24h看守,框构桥要派人每日巡视检查。

(11)建立限高架被撞、被盗后的应急机制和预案。工务段要制订应急预案,配备紧急抢修的材料、工机具,制作加固限高架的钢材必须要有备用,确保在最短的时间内修理和恢复损坏的限高防护架,修复时间不得超过一个星期。发现限高架被撞、被盗后,工务段要及时报警处理,对造成损失的,要依法合规进行索赔。

8.3.2 防撞护栏

(1)铁跨公桥梁防撞护栏的设置,比照限高架的设置要求,与新建、改建的铁路、公路同步实施。

(2)铁跨公桥梁防撞护栏的维护管养,按照公铁并行防撞护栏的要求实施。

8.3.3 防护网

铁跨公桥梁防护网的维护管理按照限高架的要求实施。

9 铁路线路封闭和维护

9.1 铁路线路封闭原则

(1)普速铁路线路。线路允许速度不低于120km/h的既有线必须设置防护栅栏进行封闭,设计速度小于120km/h的既有线在城郊接合部、人畜密集、治安情况复杂及铁路交通事故多发地段,有条件的应当设置防护栅栏进行封闭,其他线路区段应当逐步实施防护栅栏封闭。

(2)高速铁路线路。高速铁路应实行全线封闭,路基、涵洞地段线路两侧和隧道进出口应按标准设置"线路防护栅栏";桥梁地段(水中桥梁及山区沟壑峡谷桥梁除外)桥下应设置防护栅栏:当旱桥墩高小于3m时应设置与路基地段相同的"线路防护栅栏",当旱桥墩高大于或等于3m时应设置"桥下防护栅栏"。高速铁路并行其他铁路时,线路最外侧防护栅栏应按高速铁路标准设置;在保证行车安全的前提下,高速铁路与其他铁路并行的股道间应设置隔离设施。

(3)高速铁路与普速铁路并行地段。防护栅栏遇建筑物及铁路设备时,宜采用直角拐弯形式绕避。高速铁路与普速铁路、专用线或其他线路交汇处,应沿普速铁路、专用线或其他线路一侧将防护栅栏延伸不小于200m,并在防护栅栏终端安设封闭大门或在合适位置设置岗亭派员看守。

9.2 铁路线路封闭标准

(1)新建铁路工程:设计时速200km及以上铁路,采用2.2m高混凝土网片栅栏+0.7m高防爬倒刺(或加高网)并在顶部外侧悬挂0.5m高刺丝滚笼;设计时速200km以下铁路,一般地段采用1.8m高钢筋混凝土防护栅栏,重点区段(含动车径路)采用1.8m高钢筋混凝土防护栅栏加0.5m高刺丝滚笼,防护栅栏应设置在用地界以内0.5m处。

(2)既有铁路改建工程防护栅栏标准:一般条件下,应采用与新建铁路工程相同类型的防护栅栏,且应设置在用地界以内0.5m处;改建困难条件下,可设在路肩上,并采用1.8m高钢筋混凝土立柱金属网片防护栅栏,与邻近股道中心线的水平距离不小于4.55m,特殊地段结合现场实际情况进行设计,安设距离应满足倾倒后不侵入限界及避车要求。

(3)在建铁路工程:设计时速200km及以上铁路,需按《铁路线路防护栅栏》(通线〔2023〕8001)要求安装防护栅栏的地段,采用2.2m高混凝土网片栅栏+0.7m高防爬倒刺(或加高网),并在顶部外侧悬挂0.5m高刺丝滚笼。防护栅栏应设置在用地界以内0.5m处。设计时速200km以下铁路,一般采用1.8m高钢筋混凝土防护栅栏;重点地段(含动车径路)已按《铁路线路防护栅栏》(通线〔2023〕8001)要求安装了防护栅栏的地段,采用2.2m高钢筋混凝土防护栅栏+0.5m高刺丝滚笼;重点地段(含动车径路)未安装防护栅栏的地段,按新建铁路标准设置。防护栅栏应设置在用地界以内0.5m处。

(4)防护栅栏类型及正面图。

1.8m高钢筋混凝土防护栅栏+0.5m高刺丝滚笼如图9-1所示;2.2m高钢筋混凝土防护栅栏+0.5m高刺丝滚笼如图9-2所示;2.7m高钢筋混凝土防护栅栏金属网片(带折角)外侧加装刺丝滚笼如图9-3所示;1.8m高钢筋混凝土防护栅栏如图9-4所示;1.8m高钢筋混凝土立柱金属网片防护栅栏如图9-5所示。

图9-4、图9-5为地面纵坡为0°~12°的防护栅栏正面图。对于地面纵坡度在12°~36°和36°以上的地段防护栅栏安装正面图以及刺丝滚笼安装、立柱设计、栅栏门设置及金属网片安装等要求,高速铁路桥梁墩高3m以上旱桥地段的线路封闭,参考《铁路线路防护栅栏》(通线〔2023〕8001)。

(5)技术要求。线路防护栅栏底部与地面间的间隙不得大于5cm;在地面纵坡大于12°的陡坡地段,防护栅栏下槛底部与地面间的间隙应采用混凝土封闭。桥下防护栅栏金属网片或刺绳下部与地面间的间隙不得大于10cm。防护栅栏两侧各2m范围内高出下槛底部的地面应平整,以保证防护栅栏相对于两侧地面均达到规定的防护高度。

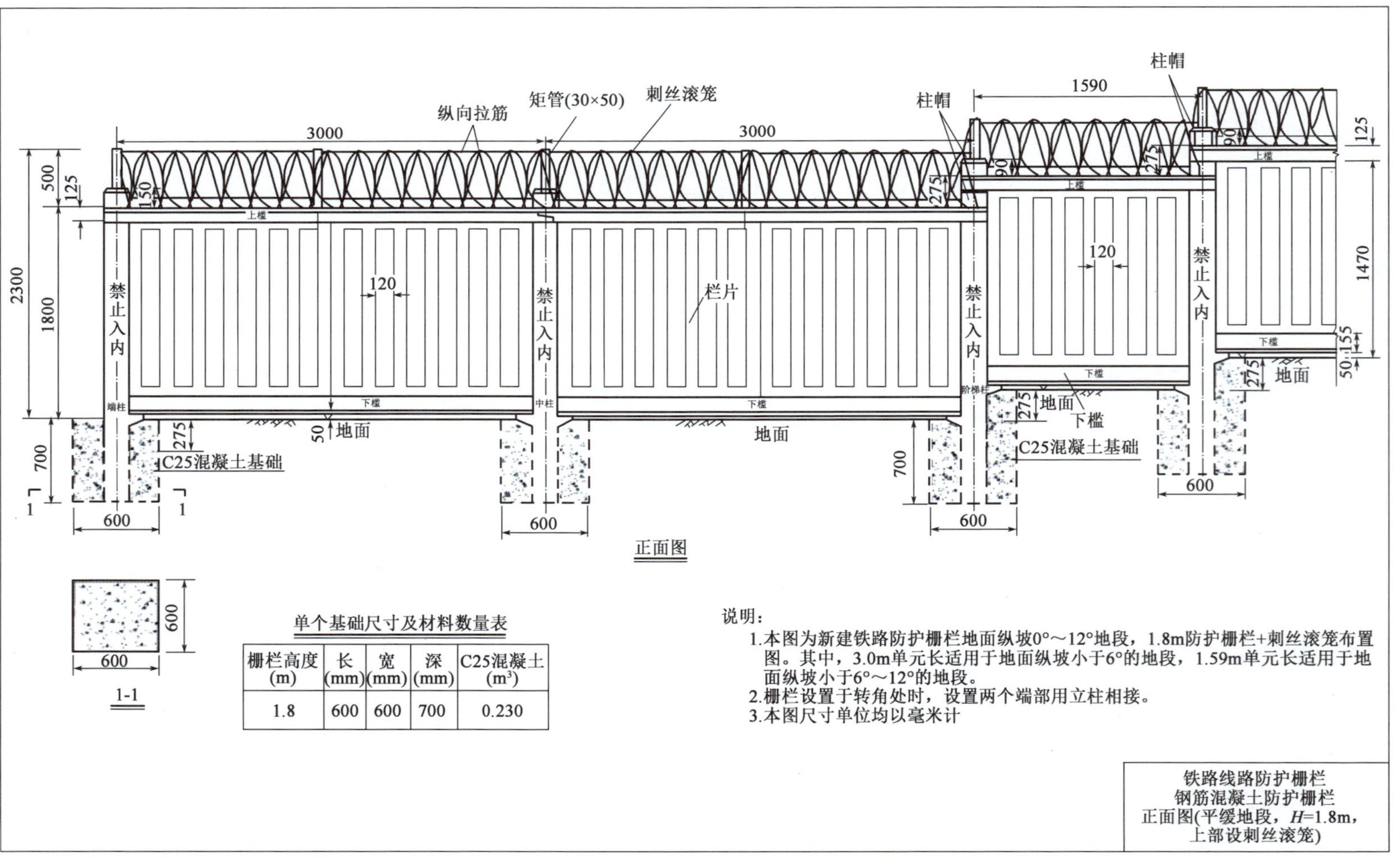

单个基础尺寸及材料数量表

栅栏高度(m)	长(mm)	宽(mm)	深(mm)	C25混凝土(m^3)
1.8	600	600	700	0.230

图9-1 1.8m高钢筋混凝土防护栅栏+0.5m高刺丝滚笼(尺寸单位:mm)

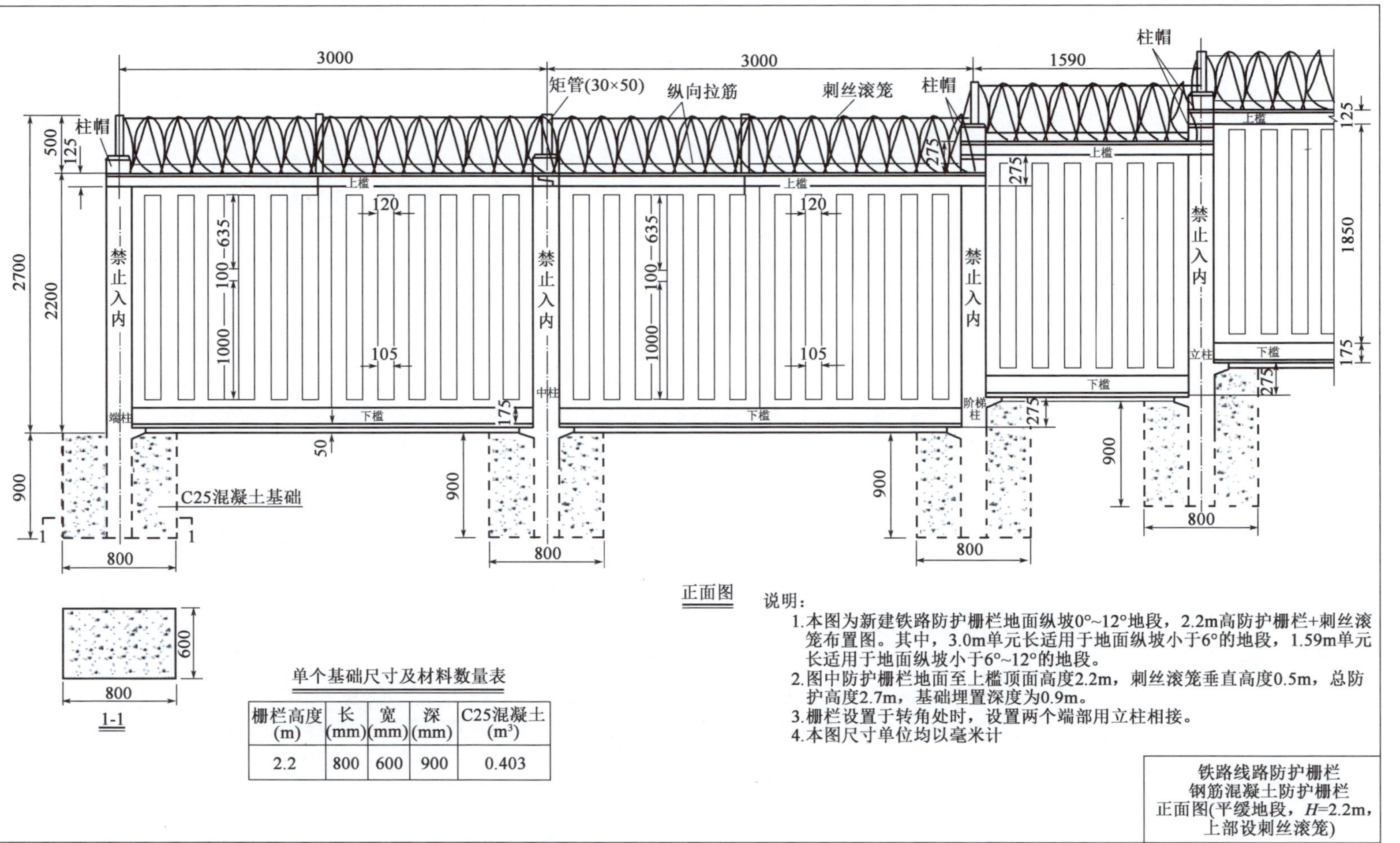

单个基础尺寸及材料数量表

栅栏高度(m)	长(mm)	宽(mm)	深(mm)	C25混凝土(m^3)
2.2	800	600	900	0.403

图 9-2 2.2m 高钢筋混凝土防护栅栏 +0.5m 高刺丝滚笼(尺寸单位:mm)

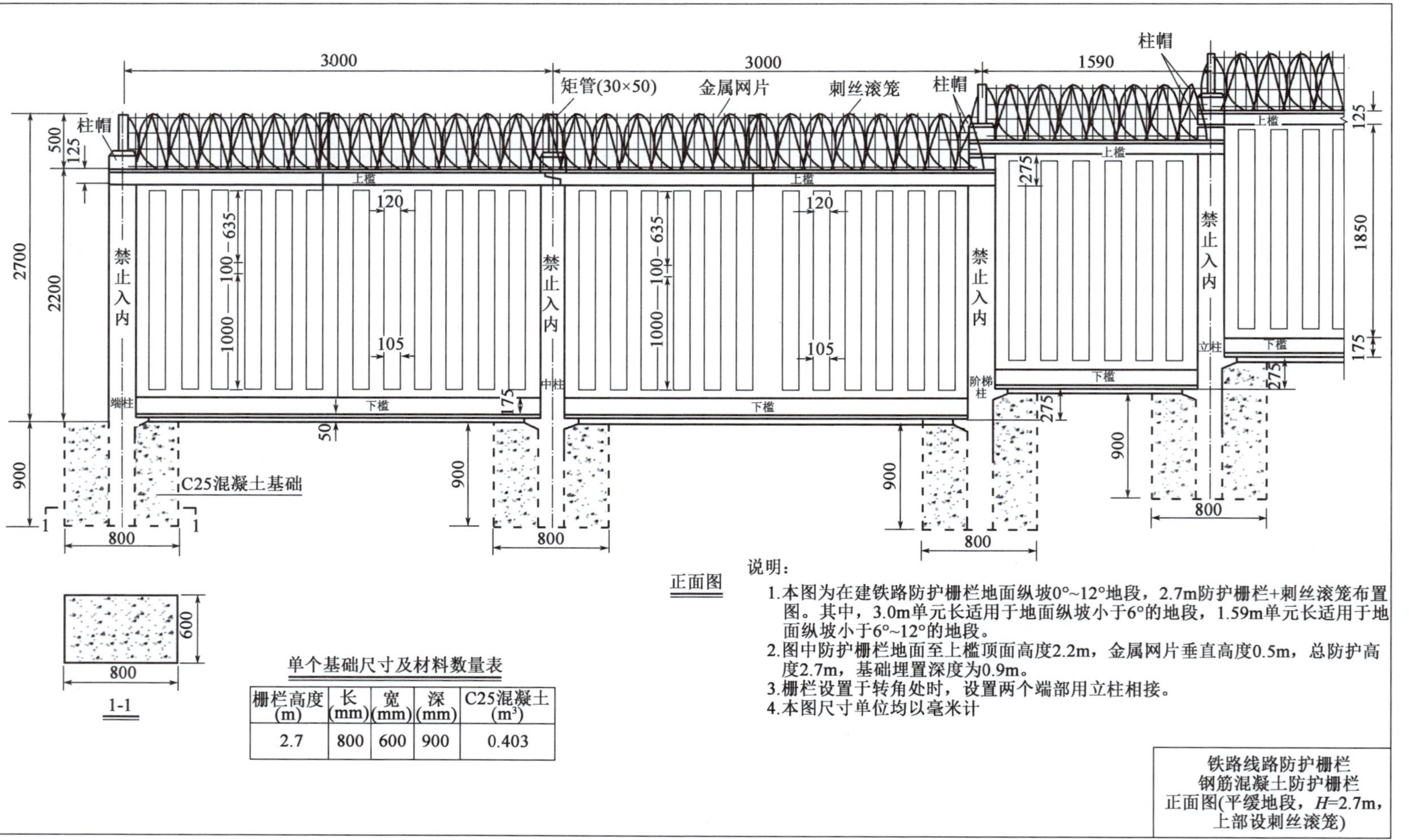

说明：

1.本图为在建铁路防护栅栏地面纵坡0°~12°地段，2.7m防护栅栏+刺丝滚笼布置图。其中，3.0m单元长适用于地面纵坡小于6°的地段，1.59m单元长适用于地面纵坡小于6°~12°的地段。
2.图中防护栅栏地面至上槛顶面高度2.2m，金属网片垂直高度0.5m，总防护高度2.7m，基础埋置深度为0.9m。
3.栅栏设置于转角处时，设置两个端部用立柱相接。
4.本图尺寸单位均以毫米计

单个基础尺寸及材料数量表

栅栏高度(m)	长(mm)	宽(mm)	深(mm)	C25混凝土(m^3)
2.7	800	600	900	0.403

图 9-3　2.7m 高钢筋混凝土防护栅栏金属网片(带折角)外侧加装刺丝滚笼(尺寸单位：mm)

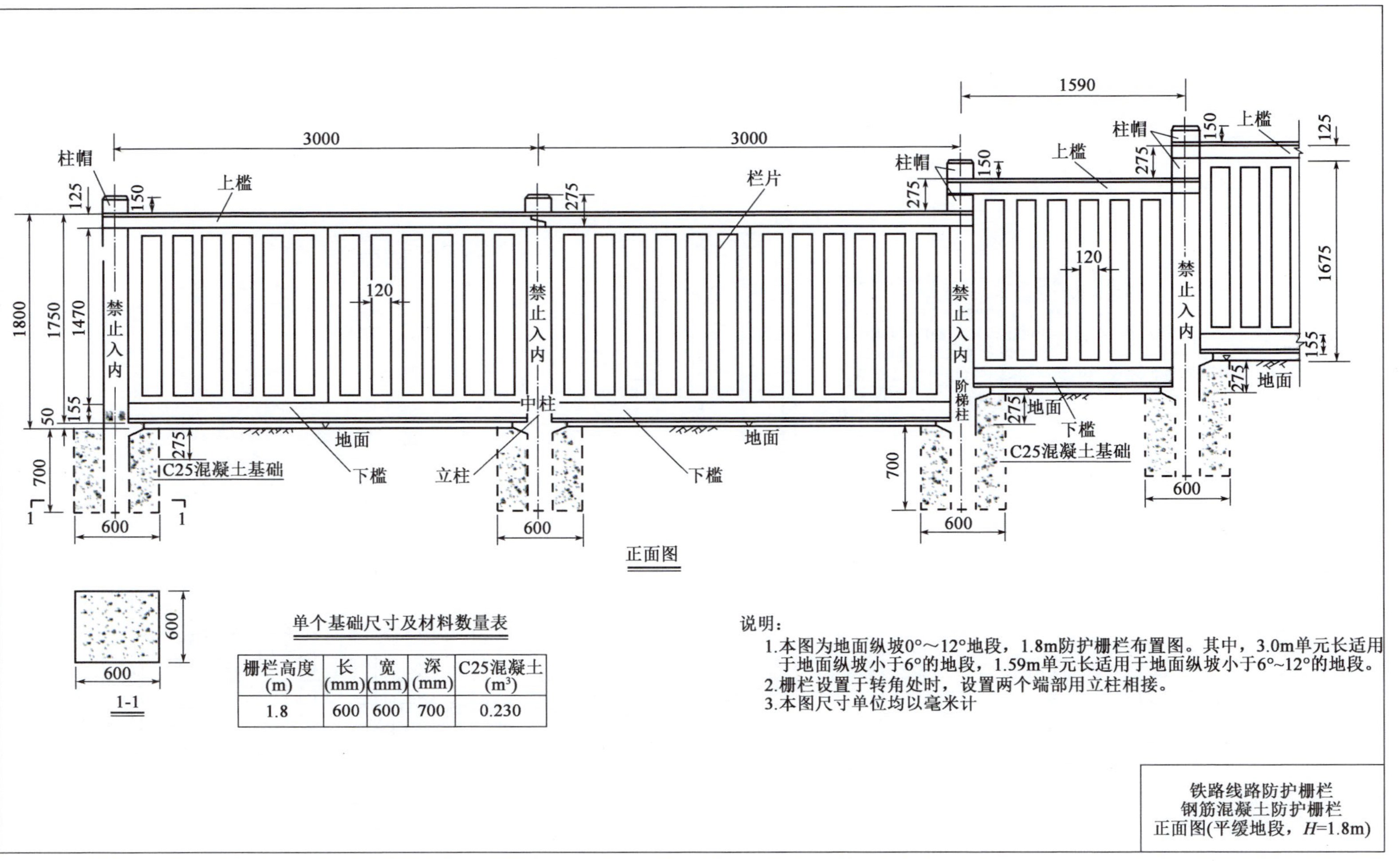

单个基础尺寸及材料数量表

栅栏高度(m)	长(mm)	宽(mm)	深(mm)	C25混凝土(m^3)
1.8	600	600	700	0.230

说明：

1. 本图为地面纵坡0°～12°地段，1.8m防护栅栏布置图。其中，3.0m单元长适用于地面纵坡小于6°的地段，1.59m单元长适用于地面纵坡小于6°~12°的地段。
2. 栅栏设置于转角处时，设置两个端部用立柱相接。
3. 本图尺寸单位均以毫米计

图9-4 1.8m 高钢筋混凝土防护栅栏(尺寸单位:mm)

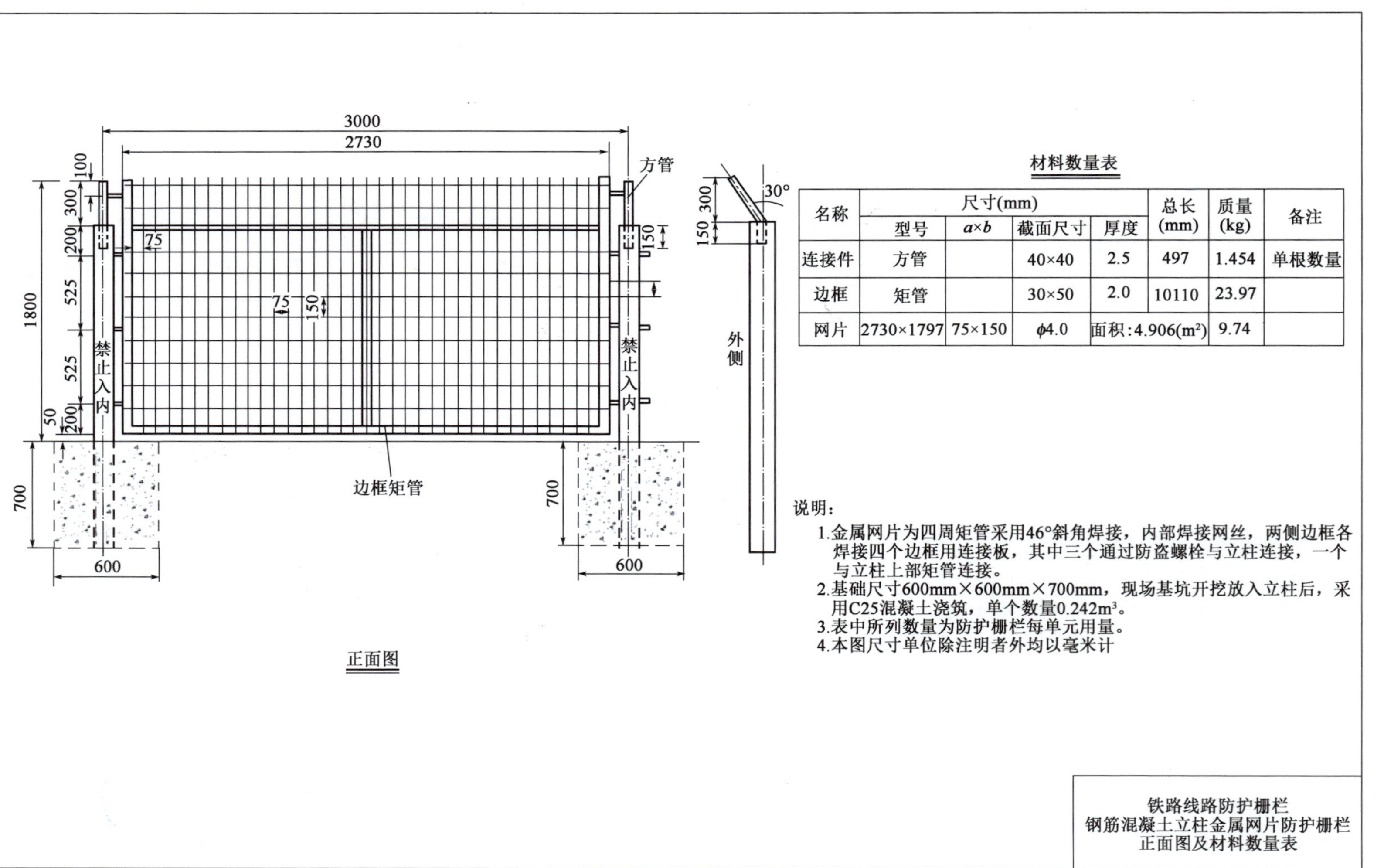

材料数量表

名称	尺寸(mm)				总长 (mm)	质量 (kg)	备注
	型号	$a \times b$	截面尺寸	厚度			
连接件	方管		40×40	2.5	497	1.454	单根数量
边框	矩管		30×50	2.0	10110	23.97	
网片	2730×1797	75×150	ϕ4.0	面积:4.906(m²)		9.74	

说明:

1.金属网片为四周矩管采用46°斜角焊接，内部焊接网丝，两侧边框各焊接四个边框用连接板，其中三个通过防盗螺栓与立柱连接，一个与立柱上部矩管连接。
2.基础尺寸600mm×600mm×700mm，现场基坑开挖放入立柱后，采用C25混凝土浇筑，单个数量0.242m³。
3.表中所列数量为防护栅栏每单元用量。
4.本图尺寸单位除注明者外均以毫米计

图 9-5 1.8m 高钢筋混凝土立柱金属网片防护栅栏(尺寸单位:mm)

9.3 设备整治及验收

9.3.1 防护栅栏

(1)防护栅栏修程分为日常维修和专项整修两种。设备管理单位应结合每年秋(春)季设备检查,对防护栅栏进行一次全面状态评定。日常维修主要是针对防护栅栏发生的零小破损,如立柱歪斜、栅栏(网)片破损、掉漆锈蚀、连接部件失效,栅栏和围墙单元坍塌、人为破坏,清除栅栏上的附挂物等情况的一般维护维修。专项整修主要是针对栅栏网片锈蚀破损严重,混凝土栅栏、砖砌围墙连续倒塌不能起到封闭作用等情况的集中整治。

(2)防护栅栏整治验收。

针对隐蔽工程,要细化制定管理人员到现场跟班检查具体措施,明确量化指标,关键工序、部位必须进行拍照等。

专业科室和车间要规范施工日志、工程记录的使用,督促施工(安全监督)员做好隐蔽部位的拍照(摄像)、记录及存档。

督促施工单位做好隐蔽工程埋藏深度、断面尺寸、基础地质情况、质量检测报告等各种原始记录。

要抓好工程竣工验收,工程正式验交应有记录,明确验交日期、验交地段、安全责任接管时间、遗留单项工作整修期限,并由双方签字,办理设备交接手续。

9.3.2 公铁并行

(1)发现地方在邻近铁路新建、改建道路时,由路地双方现场核实是否需增设公铁并行路段护栏,并协调地方部门进行设置;发现铁路单位在邻近铁路新建、改建道路时,由相关工务单位负责核实是否需增设公铁并行路段护栏,需增设处所立即函告道路建设单位可能存在的风险和整治建议,并跟踪进行设置整改。

(2)非铁路产权公铁并行路段护栏的其他隐患,工务单位现场核实后应立即向道路经营管理单位下达“铁路外部环境违法行为通知书”或“铁路外部环境隐患告知书”,明确整治要求和整治期限;未按期整改的,应充分运用“双段长”机制,逐级推进协调,直至隐患消除。

(3)铁路产权公铁并行路段护栏的其他隐患,工务单位现场核实后应立即向产权单位发函,明确整治要求和整治期限。

(4)发现公铁并行地段存在危及行车安全隐患时,必须立即采取线路封锁、限速、监护机动车辆等果断措施,确保行车安全。

(5)公铁并行验收。新建、改造公铁并行路段护栏工程质量验收要求。①属于地方负责新建或改造的公铁并行路段护栏,投入使用后,各工务单位应函商地方政府提供施工质量方面的材料。②属于铁路负责新建或改造的公铁并行路段护栏，各单位应健全验收工作机制，工程正式验交应形成纪要，明确验交日期、验交地段、安全责任接管时间、遗留单项工作整修期限，并由双方签字，办理设备交接手续；对施工质量有疑问处，可委托具有检测资质的第三方开展检测。

9.4 安全管理

9.4.1 临时拆除防护栅栏安全管理

因施工作业需要临时拆除防护栅栏时，施工单位必须与防护栅栏设备管理单位签订安全协议，站内还需与房建公寓段签订安全协议，并经铁路局集团公司防护栅栏设备管理部门批准，报属地铁路公安部门备案，在开口处悬挂警示标志，设置临时防护设施，并派专人每天24h看守。施工作业完成后，施工单位应按原标准恢复防护栅栏，并与设备管理单位办理验收交接手续。

9.4.2 作业门安全管理

在既有封闭区段，工务、电务、车务、供电、车辆、车务等管理单位因作业需要设置作业门(含临时作业门)时，由使用单位提报“设置作业门(临时作业门)申请表”，经设备管理单位同意并签认，站内还需房建公寓段同意，报铁路局集团公司栅栏管理部门批准后方可设置。各作业门使用单位需与设备管理单位签订使用安全协议(站区内作业门由房建公寓段与相关使用单位签订)。

路外单位因施工需要设置临时作业门的，必须提供有效的施工批准文件，提报“设置作业门(临时作业口)申请表”，经设备管理单位同意并签认，站内还需房建公寓段同意，并与设备管理单位签订《施工临时作业门安全协议》，报铁路局集团公司栅栏管理部门批准后方可设置。

10 船舶碰撞铁路桥梁隐患整治

10.1 责任分工

10.1.1 主体责任

航运企业是船舶安全航行的责任主体,应建立健全企业安全管理制度,加强所属船舶和船员管理,保证船员遵守《中华人民共和国桥区水域水上交通安全管理办法》(交办海〔2018〕52号)等相关规定,保障船舶在桥区水域安全规范航行。负责桥梁养护或运行管理的单位(以下简称“桥梁运行管理单位”)是保障桥梁安全运行的责任主体,应依法依规设置和维护桥梁标志标识、防撞设施;对抗撞性能不足的,采取设置防撞设施、加装主动预警装置等措施,提升防撞能力。航道养护单位是桥区水域航道养护的责任主体,应按规定保障桥区水域航道和水上航标处于良好状态。桥梁建设单位应按照国家有关规定和技术要求设置航标等设施,并承担相应费用。

10.1.2 监管责任

各监管部门按照职责分工履行监管职责。海事管理机构(县级以上地方交通运输主管部门)落实桥区水域水上交通安全监管责任,督促航运企业严格落实安全生产主体责任和相关安全保障措施。航道管理部门落实航道安全监管责任,督促航道养护单位加强航道及水上航标养护,保障桥区航道安全。地区铁路监督管理局落实铁路安全监管责任,督促各铁路运输企业落实桥梁安全运行主体责任和相关安全保障措施。

10.1.3 属地责任

地方人民政府履行属地管理责任,应加大政策支持力度,建立属地政府领导牵头,铁路、航道、海事等相关部门参加的协调机制,按桥梁运行管理单位所在地行业监管部门牵头原则,协调落实跨地区、多用途桥梁安全风险隐患排查治理的牵头监管部门和牵头桥梁运行管理单位,并协调解决隐患治理行动中的其他重大问题。

10.2 分类治理

10.2.1 桥区水域航道安全风险隐患排查治理

各省级交通运输主管部门按职责,分别组织开展航道安全风险隐患排查,重点整治航道维护尺度不足、航标缺失或功能失常等问题。按照航道养护规定和技术规范加强桥区水域水上航标维护管理,加强航道水深测量和维护,加强技术考核,保证桥区航道维护水深年保证率、水上航标维护正常率不低于相关规范要求。涉及桥梁方面的安全风险隐患情况通报桥梁运行管理单位。珠江航务管理局协同广东、广西两省区交通运输主管部门开展西江航运干线航道安全风险隐患排查治理。桥区航道未按照规定进行疏浚、未进行桥区航道施工遗留物清除效果验收、未按规定设置桥区水上航标等问题由桥梁运行管理单位负责整改。新建桥梁应按相关法律法规、技术规范等要求,确保桥区航道符合发展规划技术等级要求,并经验收合格后按规定移交航道养护机构维护。桥梁上航标由桥梁运行管理单位负责维护管理,水上航标由航道养护单位负责维护。

10.2.2 桥区水域水上交通安全风险隐患排查治理

各省级交通运输主管部门、长江航务管理局、交通运输部相关直属海事局按职责,分别组织开展水上交通安全风险隐患排查,重点整治桥区水域船舶淌航、掉头、横越、违规追越、不按规定航路航行、船舶超高航行等行为。督促航运企业完善安全生产制度,夯实安全生产主体责任,严格遵守桥区水域水上交通安全管理规定,强化相关事故或险情等安全警示教育和船员培训,提升船员防范船舶碰撞桥梁的安全意识和驾引能力,规范桥区水域驾引行为;建立健全桥区水域水上交通安全管理制度,提升海事管理机构水上交通现场监管能力。加强汛期无动力船舶、锚地船舶监管,严防失控走锚。涉及桥梁方面的安全风险隐患情况通报桥梁运行管理单位。

10.2.3 桥梁安全风险隐患排查治理

铁路运输企业应建立健全安全风险隐患辨识排查治理制度,定期组织铁路桥梁运行管理单位开展安全风险隐患排查,重点对桥梁标志标识设置维护、通航净空尺度、防撞设施设置维护、抗撞性能等加强安全管理,提升防撞能力。铁路监管部门应将桥梁安全隐患管控作为重点监管内容,督促铁路运输企业开展隐患排查整治、落实防撞措施,保障铁路桥梁安全。涉及航道、水上交通安全方面的风险隐患情况分别通报当地航道管理部门和海事管理机构。

10.3 长效机制

各省级交通运输主管部门牵头组织行政区内跨航道桥梁涉及的有关航道管理部门、海事管理机构、铁路监管等管理机构和桥梁运行管理单位建立防范化解船舶碰撞桥梁风险机制和“12395”涉航铁路桥梁联防联控机制，定期通报信息，研究存在的问题和解决办法，采取有效措施，加强协同联动，实现风险隐患排查、防范化解的常态化、长效化。

11 油气管线隐患整治

11.1 隐患排查

11.1.1 排查范围

铁路沿线100m范围内与铁路相互交叉、并行的石油天然气(煤气)、危险化学品等各种易燃易爆品输送管线、设施。

11.1.2 排查周期、频次

各部门、单位应将油气管线隐患排查纳入日常排查内容,常态化管控,积极对接铁路沿线地方相关部门和油气管线经营企业,科学合理制定排查计划,联合排查频次每年不少于一次,对管道集中、城镇区域、高铁径路等重点地段及未整改完成的重点隐患处所,加密检查频次。

11.1.3 排查内容

(1)外业部分:协调产权单位对油气管线的状态、防护情况进行检查。对油气管道是否按照规范要求进行设置、是否采取安全防护措施、是否定期对油气管道进行检查等三个方面进行检查。对2000年前建设、带病运行的老旧管道等,主动协调燃气产权单位和经营企业进行全方位安全评估。突出高铁、旅客列车线路及城镇区域内的铁路线路,重点检查油气管道设计及施工标准不符合相关制度规范、未采取安全防护措施或安全防护措施不到位、老化或存在安全隐患且未及时整治等重大风险隐患。

(2)内业部分:一是排查与铁路交汇并行的油气管道产权所属责任主体是否明确、安全协议是否签订。重点检查燃气管道经营企业非法穿越铁路线路、未与铁路设备管理单位签订安全协议、安全协议未有效执行或未能提供穿越管道质量证明文件及竣工资料的情况。二是排查油气管道产权单位应急处置预案制定情况,铁路管理单位相应的配合预案制定情况,路地双方应急管理协调机制建立健全情况。

11.2 隐患整治

油气管线安全隐患整治遵循铁路外部环境安全隐患整治工作基本流程。同时结合实际及油气管线情况，进一步按照“查、停、告、报、巡”的程序处置油气管线安全隐患。

(1)核实确认，分析研判。油气管线隐患具有专业性强、隐蔽性强等特点，排查发现可能存在安全隐患的处所后，应积极与产权单位对接协调，调取相关管道资料，尤其是未经批准违法穿越的油气管线，请相关专业人员现场核实确认隐患情况，依照管道类型(长输管道、城镇燃气管道、热力蒸汽管道等)、隐患类型(上跨、下穿、并行)对照相应的制度规范对隐患进行综合研判。

(2)及时制止，采取措施。各单位对检查发现的违法穿跨越行为要立即制止。对能够现场协调整治的，要立即整治，如增设标志标识等，有关整治资料须按入库销号程序管理。对不能现场协调整治的，要求产权单位、施工单位制定临时安全管控措施，如加强巡查排查、利用地理信息系统(GIS)对管道压力进行实时监控等，同时铁路单位也应对此类处所加强隐患巡查和监控，并采取可靠的安全措施。对不听劝阻、无法制止、制止无效或仍存在安全隐患的，应当立即报告安监、铁路公安机关。

(3)及时告知，协调整治。各单位应积极履行告知义务，发现隐患且无法立即完成整治的，须向责任单位或责任人发放“铁路外部环境安全隐患告知书”，属违法行为的还须向违法行为责任单位或责任人下达“铁路外部环境违法行为通知书”限期整治。协调县级以上地方政府整治，由车务站段、工务段利用“双段长”制统一牵头对接。

(4)分级报告，主动对接。在制止无效、安全隐患得不到整改的情况下，各单位应立即向上级专业主管部门报告。各专业主管部门根据隐患危害和整治难易程度，指导站段及时处置。对铁路系统自身难以协调解决的，要分层级及时书面函告所涉县、市、省(部门)，同时向广州铁路监督管理局致函报告。各单位在履行告知义务和致函后，要主动与隐患违法主体、铁路监管机构、地方人民政府及有关部门沟通，争取支持。

各地市油气管线主管部门不相同，应视具体情况而定。参照普遍情况，省级部门单位，由能源局主管长输管道(市级无下属部门)，住建厅主管城镇燃气管道；市级部门单位，由住建厅、城管局等部门主管城镇燃气管道。

(5)综合制定整治方案。按照《铁路安全风险分级管控和隐患排查治理管理办法》(国铁安监规〔2023〕9 号)，针对不同的隐患类型，实施重大风险、较大风险、一般风险、低风险分级管理，并根据不同的风险等级，协调产权单位明确整治方案及管道更新改造实施计划，制定科学合理的整治方案，督促产权单位限期内整改到位。需要工程措施实施整治的项目，可纳入应急工程或路外环境整治项目，加快组织实施。

各单位应加强对产权单位涉铁施工的引导宣传工作，新建改建管线及其他不属于既有隐患整治的工程项目均应按照涉铁流程，依法合规办理相关手续，再组织实施。

(6)竣工验收、销号。

①由于新建铁路或其他铁路工程项目需迁改、废弃、改建等属于铁路单位整治责任的隐患问题，由整治单位验收负责人牵头组织现场验收，单位包保干部或专业科室管理人员签字后

销号。

②由于油气管线产权单位在建设后不符合相关规章规定、违法建设等属于油气管线产权单位整治责任,由地方牵头整治隐患,实行路、地双方验证制度。

③由于铁路内部自身原因造成的外部环境安全隐患整治完成后,由整治单位牵头组织排查,联合相关单位共同验收,验收合格后按照“谁入库、谁销号”的原则由入库单位销号。

11.3 日常管理

11.3.1 台账、问题库

各单位应积极对接地方行业管理部门和油气管线产权单位,充分掌握在建和既有油气管道穿跨越和并行铁路线路位置、建设年代、产权归属情况、管道压力、安全状况等基础信息,统一纳入台账进行管理。台账信息要做到时更时新,对新建、新检查发现的油气管线应及时填报相关信息。

各单位应结合台账对检查发现的安全风险隐患建立问题库,问题库应体现排查、研判、分析、报告等处理过程。主要项点应包括:隐患排查时间、隐患判别依据(对应制度规范具体条款)、隐患告知情况(包括是否下发“铁路外部环境安全隐患告知书”、是否下发“铁路外部环境违法行为通知书”、是否发函告知产权单位或地方政府部门等),并对排查入库的隐患问题进行动态管理,全过程跟踪整治和销号情况,及时更新隐患问题库。

11.3.2 工作机制

各单位应积极对接地方行业管理部门和油气管线产权单位,建立健全工作协调机制,明确对接协调负责人,以便充分掌握和排查未发现的管道情况、协调组织联合巡查、通报整治情况、建立应急管理体系、宣传涉铁施工程序流程等,并充分利用“双段长”等路地协调工作机制,发挥住建局、能源局等政府部门管理优势,丰富广州铁路监督管理局、各省市安委会、轨道办、护路办等多方面沟通渠道,齐抓共管,全面做好油气管线安全管理工作。

11.3.3 安全协议

各单位应全面了解油气管线产权单位、经营企业、主管部门等相关信息,与产权单位按照《中华人民共和国安全生产法》相关规定,签订安全生产管理协议。在协议中明确双方安全生产管理责任,规范责任行为,建立协调沟通机制,制订安全防范措施,共同确保铁路运营、油气管线运输安全。

11.3.4 应急管理

各单位应积极对接地方行业管理部门和油气管线产权单位,建立健全应急管理协调机制,指定应急负责人,如有更换负责人等情况,应及时更新,确保信息沟通渠道时时畅通。督促产权单位编制应急预案,并留存备份,同时结合本单位实际情况,编制配合方案。积极联络产权单位定期开展应急演练,全面提高应急处突能力。

11.3.5 违法施工

经过专项排查整治活动,各单位已基本摸清铁路沿线油气管线数量及情况,对后续排查发现的油气管线均应视作违法施工行为,各部门、单位应积极协调公检法机关、地方人民政府及相关部门,推动综合运用行政执法、公益诉讼等司法手段解决铁路沿线环境问题,严厉打击违法施工行为,依法开展维权工作。

11.3.6 新线验收及提前介入

按照源头发现、源头治理的原则,在新线建设时期,各单位应根据各自分工从可行性研究、初步设计、施工图、工程实施阶段做好提前介入工作,调查研究下穿、并行线路油气管线设备设施情况,依照相关规章制度,综合研判相互影响情况,积极协调油气管线产权单位,依据具有资质的安全评估机构出具的安全评估报告或新建铁路设计单位检算和安全评价资料,明确迁改方案,采取防护措施,补充标志标识,六方(油气管道产权单位,铁路建设单位、设计单位、监理单位、施工单位、铁路接管单位)组织验收通过,由铁路建设单位、铁路接管单位与油气管道运营单位签订安全管理协议。

12 重大事故隐患整治

我国安全生产工作的方针是坚持安全第一、预防为主、综合治理。为了有效预防生产安全事故，国务院安全监督管理部门于2007年12月颁布了《安全生产事故隐患排查治理暂行规定》(国家安全生产监督管理总局令第16号)，国务院安全生产委员会办公室于2016年将其与安全风险管控一并作为安全双重预防机制全面推动。铁路运输企业如何做好事故隐患排查治理，特别是重大事故隐患的排查治理，就是有效落实安全双重预防机制的具体体现，对铁路运输企业高质量发展有着深远的意义。

12.1 事故隐患基础知识

《安全生产事故隐患排查治理暂行规定》(国家安全生产监督管理总局令第16号)所称安全生产事故隐患是指生产经营单位违反安全生产法律、法规、规章、标准、规程和安全生产管理制度的规定，或者因其他因素在生产经营活动中存在可能导致事故发生的物的危险状态、人的不安全行为和管理上的缺陷。安全生产事故隐患分为一般事故隐患和重大事故隐患。

重大事故隐患是指危害和整改难度较大，应当全部或者局部停产停业，并经过一定时间整改治理方能排除的隐患，或者因外部因素影响致使铁路单位自身难以排除的隐患。

一般情况下，应将严重危及高铁和旅客列车安全，可能导致重、特大事故发生的隐患，列为重大隐患管理。

12.2 铁路沿线环境重大事故隐患的判定标准

《中华人民共和国安全生产法》第一百一十八条规定，国务院应急管理部门和其他负有安全生产监督管理职责的部门应当根据各自的职责分工，制定相关行业、领域重大危险源的辨识标准和重大事故隐患的判定标准。

2023年5月，国家铁路局制定并印发了《铁路交通重大事故隐患判定标准(试行)》(国铁安监规〔2023〕12号)，分别从铁路主要行车设备设施、铁路运输生产、铁路沿线环境、安全管理和灾害防范及应急处置5个方面，明确了铁路交通重大事故隐患判定标准。

铁路沿线环境重大事故隐患,是指在铁路沿线一定范围内从事违反法律法规规定的生产经营活动,有下列情形之一的,极易直接导致列车脱轨、冲突、相撞、火灾、爆炸重大及以上事故的隐患:

(1)在高速铁路和旅客列车运行区段铁路线路安全保护区内,擅自建设施工、取土、挖砂、挖沟、采空作业或者其他违法行为,造成或者可能造成线路几何尺寸变化,线路基础空洞、下沉、坍塌、线路中断,或者施工机具侵入铁路建筑限界的。

(2)高速铁路和旅客列车运行区段铁路两侧危险物品生产、加工、销售、储存场所、仓库,不符合国家标准、行业标准规定的安全防护距离且未签订安全生产协议的。

(3)在高速铁路和旅客列车运行区段跨越、穿越铁路铺设,或者与铁路平行埋设,或者架设的油气管道不符合国家及行业相关规定的。

(4)高速铁路和旅客列车运行区段两侧的塔杆等高大设施,公跨铁桥梁、公铁并行道路、渡槽、线缆等设备设施(含防撞护栏、防抛网等附属设施)及日常管理不符合国家及行业相关规定的。

(5)在高速铁路两侧200m范围内或者有关部门依法设置的地面沉降区域地下水禁止开采区或者限制开采区抽取地下水,影响铁路基础稳定的。

(6)在高速铁路和旅客列车运行区段铁路两侧,从事采矿、采石或者爆破作业,不遵守有关采矿和民用爆破的法律法规、国家标准、行业标准和铁路安全保护要求的;或者在线路两侧及隧道上方中心线两侧各1000m范围内从事露天采矿、采石或者爆破作业的。

(7)违反《生产建设项目水土保持技术标准》(GB 50433—2018)规定,擅自在铁路两侧设置弃土(石、渣)场或者采矿(采空)区开挖山体、河道等动土作业造成影响行洪、产生泥石流或者山体滑坡的。

(8)在高速铁路和旅客列车运行区段铁路桥梁跨越处,河道上游500m、下游规定范围内(桥长不足100m的为1000m、桥长100~500m的为2000m、桥长500m以上的为3000m)采砂、淘金的。

(9)在高速铁路和旅客列车运行区段铁路桥梁跨越处,河道上下游各1000m范围内围垦造田、拦河筑坝、架设浮桥或者修建其他影响铁路桥梁安全设施,或者在河道上下游各500m范围内进行疏浚作业的。

(10)在高速铁路和旅客列车运行区段铁路隧道上方山体违规进行钻探作业的。

(11)高速铁路和旅客列车运行区段两侧铁路地界以外的山坡地水土保持治理不到位,存在溜坍侵入铁路限界造成危险的。

除以上列明的情形外,对其他可能导致铁路交通重特大事故的隐患,由铁路单位依据国家和铁路行业安全生产法律、法规、规章、国家标准和行业标准、规程和安全生产管理制度的规定等进行判定。

12.3 铁路沿线环境重大事故隐患整治

12.3.1 排查

铁路单位应当按照国家和上级单位的规定，建立和落实日常排查、定期排查和专项排查工作机制。

12.3.2 录入

各单位对发现的隐患，应当如实记录，主要包括排查对象或范围、时间、人员、安全技术状况、处理意见等内容，形成隐患信息档案，并通过隐患信息系统逐件、逐项登记。

12.3.3 评估

各单位对排查发现的隐患，要严格对照国家、国铁集团、铁路局集团公司隐患判定标准，确定隐患等级。难以确定等级的，要征求本单位安全、技术科室的意见，必要时征求第三方安全评价、检测和检验机构评估意见，并经本单位安委会研究审核确认。

12.3.4 报告

疑似重大事故隐患，或已经评估和审核确认为重大事故隐患的，由本单位负责人单独上报业务主管部门。业务主管部门组织会审后提交铁路局集团公司安委会研究确认。

铁路局集团公司安委会研究确认为重大事故隐患后，应当及时向国铁集团安委会、铁路监管部门、有关地方人民政府报告，涉及其他相关行业部门的，同时按规定报告。报告内容包括：隐患的现状及其产生原因；隐患的危害程度和整改难易程度分析；隐患的治理方案；隐患治理过程。

12.3.5 治理

确认为重大事故隐患后，铁路局集团公司相关业务主管部门及时组织制定重大事故隐患治理方案。

治理方案应包括：治理目标和任务；采取的方法和措施；经费和物资的落实；负责治理的机构和人员；治理的时限和要求；隐患未消除前的安全措施和应急预案。治理方案经铁路局集团公司安委会研究确定后实施。治理方案涉及非铁路单位的，协调铁路监管部门共同推动治理。

重大事故隐患未消除前，主管业务部门督促有关单位加强检测预警，落实安全防范措施。

12.3.6 验收

重大隐患整治完成后，铁路局集团公司要成立由主要负责人任组长、相关分管负责人为副组长的隐患整治验收组,根据隐患暴露出的问题全面评估,出具治理验收结论。委托第三方服务机构进行专项验收的,隐患治理验收组要对专项验收结论进行确认。验收结论由组长签认。

12.3.7 销号

验收通过后,铁路局集团公司安委会办公室向铁路监管部门报告、申请销号,同时报告国铁集团安委会。申请销号材料须包括:隐患基本情况及治理方案;隐患治理过程;验收机构或验收组基本情况;验收报告及结论;下一步改进措施。

销号申请未经审查同意前,不得擅自改变隐患治理方案确定的安全措施和应急预案。

12.3.8 建档

重大隐患治理实行“一事一档”管理,档案包含从隐患发现到整治方案制订、实施、验收销号全过程的相关资料、文件、纪要、记录和影像资料等,资料应长期保存。

“一事一档”资料须包括:隐患名称内容;隐患排查时间;隐患现状及其产生原因;隐患危害程度和整改难易分析;隐患判定过程;隐患治理方案;隐患报告情况;隐患治理过程;隐患治理验收情况;隐患销号情况。

13 路外安全管理

路外安全是铁路安全管理工作的重要组成部分,直接关系到铁路沿线人民群众的切身利益。随着铁路网络不断完善和城镇化的扩大,铁路沿线特别是城市内铁路周边群众生产活动频繁,在铁路线路上行走、横越线路等现象特别突出,发生铁路交通相撞事故的概率大幅增加。

坚持人民至上、生命至上的发展理念。切实加强铁路路外安全管理,充分履行铁路运输企业法定的安全防护、警示等义务,有效预防和减少铁路交通相撞事故,既是铁路运输企业高质量发展的需要,更是认真贯彻落实习近平总书记关于铁路安全生产工作重要指示批示精神的基本要求。

13.1 基本概念及原则

路外安全管理,是指铁路运输企业依据《中华人民共和国铁路法》《中华人民共和国安全生产法》《铁路安全管理条例》等相关法律法规要求,遵循安全第一、预防为主、综合治理的方针,结合单位实际情况,通过制定和落实一系列的规章制度,实现有效预防和减少铁路交通相撞事故的过程。

铁路交通相撞事故是指铁路机车车辆运行过程中与行人(不包括铁路企业生产经营活动中的作业人员和旅客,下同)、牲畜及其他障碍物(不包括铁路企业生产经营活动中使用的材料和设备,下同)相撞的事故。

13.2 组织机构和职责

13.2.1 组织机构

铁路局集团公司成立路外安全管理领导小组,铁路局集团公司总经理任组长,副总经理、公安局长、安全总监任副组长,运输、客运、货运、机务、工务、电务、供电、车辆、土房、科信、建设、经开、计统、财务、劳卫、企法、保卫、宣传部,安监室以及铁路公安局等部门和单位负责人任组员。

路外安全管理领导小组在安监室设办公室,承担领导小组日常工作,办公室主任由安监室主任担任。

13.2.2 路外安全管理领导小组职责

(1)负责组织实施国家有关法律法规、铁路监管部门和国铁集团有关规章制度。

(2)建立和完善铁路局集团公司路外安全管理制度。

(3)保证路外安全必要投入,协调委托铁路局集团公司运输管理的企业保证路外安全投入,落实铁路线路防护栅栏及安防设施的建设、养护和路外安全宣传费用。

(4)定期向安全监管部门通报铁路局集团公司路外安全管理情况,协调地方人民政府及有关部门共同做好事故预防和善后处理工作。

13.2.3 路外安全管理领导小组办公室(安监室)职责

(1)组织实施铁路局集团公司各项路外安全管理制度,指导管辖内有关单位制定细化措施并督促落实。

(2)定期分析管辖内路外安全管理情况,针对倾向性问题,提出整治措施和建议。

(3)监督检查管辖内各单位路外安全管理工作,每季度向路外安全管理领导小组提出考核建议。

(4)按规定组织或参与事故调查,指导有关站段依法合规做好事故善后处理工作,审批事故赔偿费用。

(5)制定路外安全宣传计划,提出路外安全宣传费用使用计划,为路外安全宣传的有效实施提供保障。

(6)督促各单位建立和完善各类事故台账,实行"一报一书二表"管理,即"铁路交通事故调查报告""铁路交通事故认定书""铁路交通事故处理报告表"和"铁路交通(路外伤亡)事故费用审批表"。

(7)定期开展管内路外安全管理人员业务培训工作,总结和推广路外安全管理先进经验,提高路外安全管理人员业务素质。

13.2.4 控股合资公司职责

落实铁路局集团公司各项路外安全管理制度;保证必要的资金投入,改善路外安全环境,充分履行安全警示义务;及时下达路外安全宣传教育经费预算,组织有关单位开展路外安全宣传教育工作;按规定与事故处理单位办理事故处理费用结算。

13.2.5 铁路公安部门职责

依法负责铁路站、车、线的治安管理,开展法制安全宣传教育活动,依法查处危害铁路安全的违法犯罪行为,依法参与铁路交通事故的应急救援和调查处理。

13.2.6 车务部门和单位职责

建立并落实路外安全工作定期分析、通报和考核制度；承担车站（“车站”和“站内”均不包括独立客运站）站内路外安全管理主体责任，加强站内封闭管理，发现站内铁路线路防护栅栏（围墙）隐患应及时通知设备管理单位。积极协调地方政府，为站场封闭设施隐患整治提供良好环境；制定并落实站场巡查制度，及时清理站场内闲杂人员和大牲畜。闲杂人员不听劝阻，应向公安部门报告；接到铁路封闭区域内有闲杂人员、大牲畜的报告时，应及时通知公安和相关设备单位，并采取有效措施防止事故发生；开展路外安全宣传活动，按规定设置安全警示标志；明确站内作业门的管理责任主体，与作业门管理单位签订安全协议；与接轨的专用线产权单位签订协议，明确专用线（包括与车站接轨处安装的大门）路外安全管理和事故善后处理的责任主体；参与事故调查，按规定建立事故档案；负责事故善后处理工作，审核事故费用。

13.2.7 客运部门和单位职责

建立并落实路外安全工作定期分析、通报和考核制度；承担独立客运站站内路外安全管理主体责任，加强站内封闭管理，发现站内铁路线路防护栅栏（围墙）隐患及时通知设备管理单位；积极协调地方政府，为站场封闭设施隐患的整治提供良好环境；严格执行进站验票和查堵制度，防止无票人员进入车站。加强旅客乘降组织，防止旅客进入站线、区间；制定并落实独立客运站站场巡查制度，及时清理站内闲杂人员和大牲畜。闲杂人员不听劝阻，应向公安部门报告；明确独立客运站站内作业门的管理责任主体，与作业门管理单位签订安全协议；落实客车车窗、车门锁闭制度，防止列车抛物；充分利用站、车音视频、电子屏等设备积极开展路外安全宣传；参与客运作业有关的事故调查。

13.2.8 货运部门和单位职责

建立并落实路外安全工作定期分析、通报和考核制度；承担货场封闭管理主体责任，加强货场封闭管理，发现货场防护栅栏（围墙）隐患及时通知设备管理单位整治；制定并落实货场巡查制度。发现货场内闲杂人员、大牲畜应及时清理。闲杂人员不听劝阻，应向公安部门报告；开展路外安全宣传活动，按规定设置安全警示标志；参与货运作业有关的事故调查。

13.2.9 机务部门和单位职责

建立并落实路外安全工作定期分析、通报和考核制度；制定防伤措施，加强对机车乘务员标准化作业的监督检查，督促机车乘务员落实各项防防措施；发现铁路封闭区域内有闲杂人员、大牲畜时，应及时向就近车站或调度所报告；承担机务整备场等作业区域封闭管理主体责任，加强作业区域封闭管理，发现防护栅栏（围墙）隐患及时通知设备管理单位整治；按规定设置安全警示标志；参与事故调查，建立事故台账；负责本段管线事故的善后处理工作。

13.2.10 工务部门和单位职责

建立并落实路外安全工作定期分析、通报和考核制度；承担区间封闭管理的主体责任，加快铁路线路封闭建设，改善路外安全环境；制定并落实承担管理责任的铁路沿线立交桥涵和铁路安全防护设施的巡查、养护等各项管理制度，确保作用良好；制定并落实作业门管理制度，与有关单位签订区间作业门安全协议，明确管理责任主体，确保作业门管理规范；加强道口管理。严格按标准配备工务道口设备设施，积极推广先进技术设备。制订并落实工务道口设备设施的管理、养护和道口各项安全控制措施。建立考核机制，督促工务看守道口作业人员严格按标准作业；发现铁路封闭区域内有闲杂人员、大牲畜时，应及时劝（驱）离并向车站报告。接到铁路区间封闭区域有闲杂人员、大牲畜的报告，应尽快派员到现场处置；开展路外安全宣传活动，按规定设置安全警示标志；参与事故调查处理工作。负责对本单位所属乘务员值乘的路用列车、有人看守道口（包括本单位聘员监护的道口）50m 范围内和本段管线的事故善后处理工作。

13.2.11 电务部门和单位职责

建立并落实路外安全工作定期分析、通报和考核制度；建立并落实道口电务设备日常检查、养护和管理制度，确保设备作用良好；制定并落实作业门的使用管理制度，与有关单位签订作业门安全协议，确保作业门作用良好；发现铁路封闭区域内有闲杂人员、大牲畜时，应及时劝（驱）离并向车站报告；参与道口事故调查并负责本段管线事故善后处理工作。

13.2.12 供电部门和单位职责

建立并落实路外安全定期分析、通报和考核制度；制定并落实作业门的使用管理制度，与有关单位签订作业门安全协议，确保作业门作用良好；发现铁路封闭区域内有闲杂人员、大牲畜时，应及时劝（驱）离并向车站报告；开展路外安全宣传活动，按规定设置安全警示标志；参与对本单位乘务员值乘的路用列车、本段管线事故的调查，并负责善后处理工作。

13.2.13 车辆部门和单位职责

建立并落实路外安全工作定期分析、通报和考核制度；承担动车所、客技站等作业区域封闭管理主体责任，加强作业区域封闭管理，发现防护栅栏（围墙）隐患，应及时通知设备管理单位整治；发现铁路封闭区域内有闲杂人员、大牲畜时，应及时劝（驱）离并向车站报告；制定并落实作业门的使用管理制度，与有关单位签订作业门安全协议，确保作业门作用良好；按规定设置安全警示标志；参与对本段管线发生事故的调查，并负责善后处理工作。

13.2.14 房建部门和单位职责

建立并落实路外安全工作定期分析、通报和考核制度；按照设备分工，承担本专业负责的封闭设施管理主体责任,并加快封闭设施建设,努力改善路外安全环境;制定并落实本专业负责的封闭设施巡查、养护等各项管理制度,确保作用良好;发现铁路封闭区域内有闲杂人员、大牲畜时,应及时劝(驱)离并向车站报告;参与事故调查。

13.2.15 建设部门和单位职责

对改建、新建铁路工程,督促施工单位严格按照国家有关法律法规、行业标准和工程设计要求,修建铁路线路封闭设施、立交桥涵和其他铁路安全防护设施;新建铁路线路和电气化改造工程,督促建设单位在开通运营前对沿线2.5km范围内群众开展路外安全宣传,提高沿线人民群众遵法守法和自我保护意识;因施工作业需要临时拆除既有铁路防护栅栏时,督促施工单位严格执行铁路局集团公司铁路线路防护栅栏管理有关规定;参与事故调查。

13.2.16 保卫部(护路联防办)职责

建立、完善护路联防制度,督促地方政府落实护路联防属地责任,加强对各级护路办工作的监督检查和考核,督促各级护路部门有效开展护路联防工作;开展护路宣传教育活动;协调地方政府配合平改立和封闭设施建设,全力支持铁路局集团公司路外安全环境隐患整治和事故处理工作;发挥"双段长"作用,加强"双段长"工作落实情况的监督检查。

13.2.17 财务部门职责

保证路外安全投入,按规定下达铁路封闭设施和其他铁路安全防护设施维修成本预算;根据路外安全管理领导小组办公室提报的年度路外安全宣传教育经费使用计划建议,按规定配合下达路外安全宣传教育经费预算,为路外安全宣传教育活动提供保障;指导事故处理单位制定事故费用使用、支出和报销等财务制度,根据路外安全管理领导小组办公室审批意见,与事故处理单位办理事故处理费用的清算工作。

13.2.18 计统部门职责

保证路外安全投入,按规定下达铁路封闭设施、立交桥涵和其他铁路安全防护设施的大修和更新改造计划。

13.2.19 企法部门职责

指导事故处理单位积极应对进入司法程序的人身伤害赔偿纠纷案件,维护铁路运输企业合法权益。

13.3 安全宣传

铁路局集团公司管内各单位和个人均有宣传《中华人民共和国铁路法》《铁路安全管理条

例》等有关铁路安全法律法规和规章制度的义务。

各有关单位针对沿线2.5km范围内学校、工矿企业、社区等人员密集区域,大牲畜和机动车户主分布情况,制定路外安全宣传计划并组织实施。建立路外安全宣传活动台账,如实记录活动开展情况。

铁路公安部门应结合日常警务活动加强对铁路沿线特殊群体的法制安全宣传,在重点地段开展治安巡查,努力减少影响铁路运输安全的治安事件。

各单位路外安全宣传费仅用于制作安全警示标志、印刷路外安全宣传资料、购置路外安全宣传用品和设备。

13.4 应急处置

(1)车站或调度所接到铁路封闭区域内有闲杂人员和大牲畜的报告后,应进一步确认发现地段,按报告地点前后各2km范围,通知后续列车值乘司机“××~××km间有闲杂人员或大牲畜”,直至后续列车值乘司机反馈无异常。站内通知车站和铁路公安部门,区间还应通知工务部门。接到通知的部门和单位应尽快派人赶到现场处置,及时将闲杂人员移交铁路公安部门。

列车值乘司机接到车站或调度所封闭线路“××~××km间有闲杂人员或大牲畜”的通知后,动车组执行铁路局集团公司《高速铁路行车组织细则》限速80km/h的规定,普速列车限速45km/h通过上述区段并加强瞭望,通过后及时向车站反馈情况,发现危及人身和铁路运输安全时果断停车。

(2)车站接到非封闭线路防止撞人和大牲畜停车的报告后,应进一步确认发现地段,按报告地点前后各2km范围,通知后续列车值乘司机“××~××km间发生防止撞人或大牲畜停车,注意运行”,直至后续列车值乘司机反馈无异常。

列车值乘司机接到通知后,列车以限速45km/h通过上述区段并加强瞭望,通过后及时向车站反馈情况,发现危及人身和铁路运输安全时果断停车。

(3)普速列车发生事故,被撞人员或大牲畜在线路上的,机车乘务员要将被撞人员或大牲畜移出线路至安全地点。机车乘务员单独处置困难的,旅客列车先通知列车车辆乘务员、列车长、乘警协助处理;必要时,通知司机限速5km/h移动列车至合适位置以便处置。

调度所接到报告后,应立即通知车站、有关设备管理单位和路地公安部门。车站接报后,车站站长或车间主任(站长、主任不在时为指定管理人员)须立即组织有关设备管理单位会同铁路公安部门赶赴事故现场予以处置。有人员伤亡的,车站应尽快通知当地急救部门并做好记录。经急救、医疗卫生部门或者法医确认死亡的由车站将尸体送至殡仪馆或通知死者家属领回,伤者送医。

(4)动车组(含集中动力动车组列车)发生撞人事故后,列车值乘司机须立即停车并向调度所或车站报告。

随车机械师下车检查确认不影响本列运行安全、整列越过相撞地点且动车组未夹带尸体,通知司机继续运行。被撞人在动车组底下的线路上时,机械师或就近驻站机械师须将被撞人移至路肩安全地点。区间受伤的,机械师或就近驻站机械师应将伤者移送上车。机械师单独处置困难的,区间通知列车长和乘警(站内通知车站)协助处理;必要时,通知司机限速 5km/h 移动列车至合适位置以便处置。

调度所接到动车组撞人报告后,应立即通知车站、铁路公安部门和有关设备管理单位。被撞人被移送上车时,须通知最近前方站(不含线路所),安排在前方站靠近站台的股道停车。

车站接到动车组站内撞人,或区间撞人且伤者未随车移送至前方站的,应尽快通知就近急救部门并做好记录,车站站长或车间主任(站长、主任不在时为指定管理人员)组织有关设备管理单位会同公安部门赶赴事故现场予以处置。前方站接到伤者随车至本站的通知后,应尽快通知车站所在地急救部门和铁路公安部门,并做好伤员交接工作。

经急救、医疗卫生部门或者法医确认死亡的,由车站将尸体送殡仪馆或通知死者家属领回,伤者送医。

(5)需下车检查或进入铁路封闭区域应急处置时,有关人员应严格执行国铁集团和铁路局集团公司作业人员人身安全的有关规定。

13.5 事故调查

13.5.1 调查内容

事故调查除执行国家法律法规有关规定外,还应调查以下方面。

(1)机务部门

①《机车运转关系事故概况报告》(机调-18)。内容包括:发生时间(年、月、日、时、分)、地点(线别、区间、里程),司机、学习司机姓名及所属局段,机车型号及配属局段,列车种类、车次、编组,以及事故概况和处理经过。

②机车运行监控装置记录及分析资料,录像、录音设备的记录资料,机车破损情况。

③车机联控及与道口工等人员的联控、通信录音。

④相撞地点的运行揭示情况。

(2)车务(含客运)部门

①列车运行情况记录。内容包括:发生时间、地点(行政区划),列车车次,行车日志、相关调度命令、中断行车时间及影响列车运行情况。

②调取行车电话、车机联控录音及其他相关通话记录。

③事故报告过程、通知相关人员的姓名、时间，通知医疗急救单位的时间，现场伤亡人员的救治、处置情况等材料。

④站内发生的事故，还应调查伤亡人员进站处所及时间，站区封闭管理，警示标志设置，铁路有关岗位工作人员的作业以及监控设备记录等情况。

⑤调车作业发生的事故，还应调查车列运行情况，调车人员作业位置及相关防护措施的落实情况，与专用线产权单位签订的安全协议等情况。

(3)工务部门

①事故发生地线路资料。内容包括：线别、区间、里程、曲线半径、坡道、路堑(路堤)、桥梁、隧道(涵洞)、鸣笛标位置、警示标志情况，铁路线路防护栅栏的安设、管理情况，立交涵洞清淤、排水等情况。

②线路损坏及救援情况。

③线路巡护人员作业情况。

④在道口发生事故时，还应调查：道口性质(有人看守、无人看守或监护)、道口宽度；道路性质(国道、省道、乡道)、路面宽度；道口瞭望条件，公路标志标线；道口设备、设施、备品、警示标志的状态及维修情况；道口管理相关文电；道口管理相关制度落实情况及设备、人员的检查记录；道口工(监护员)作业过程、培训情况。必要时核查道口设计、设置是否符合相关规定。

⑤监护道口发生事故时，通知地方道口主管部门的时间、人员姓名、职务情况。

(4)电务、供电等部门

①道口信号、遮断信号、自动通知、预警、报警、道口供电等设备状态及维修记录情况。

②牵引供电警示标志、防抛网设置和损坏，以及道口供电情况。

③电气化区段触电伤亡事故接触网跳闸合闸时间、警示标志等情况。

(5)房建部门

①事故关系车站的封闭设施资料。

②事故关系车站封闭设施和警示标志的设置、管理等情况。

(6)其他

①“双段长”责任制落实情况。

②有关视频资料。

③相关设施设备设计、建设、施工和移交情况。

13.5.2 铁路公安部门对事故的调查

(1)按现场勘察技术规范，开展现场勘察，制作现场勘察卷。内容包括：现场示意图、现场勘察笔录、现场照片、伤亡者遗物清点、登记等。

(2)法医鉴定及鉴定文书，未知名尸体提取 DNA 数据。

(3)伤亡者身份。包括姓名、户籍、工作单位。

(4)目击证人、亲属及有关关系人的询问笔录,以及通话、手机短信、遗书等有关证据。

(5)保护事故现场,维护现场治安秩序,进行现场勘察和调查取证,判明一般相撞、自杀、他杀等事故性质,依法查处违法犯罪嫌疑人,协助抢救遇险人员,开展法制宣传,协助有关部门做好善后处理。

(6)铁路防护区域内发现人员伤亡的,需确定伤亡原因。

(7)调查搜集可以证明事故的其他证据材料。

13.5.3 事故报告

事故报告执行国家法律法规、铁路监管部门和国铁集团有关规定。铁路道口发生事故或机动车辆侵入铁路限界发生事故,还应通报当地公安交警部门。报告内容中应增加:

(1)道口位置,栏杆(栏门)、报警设备状态,道口铺面、警示标志和监控视频设备设置等道口基本情况。

(2)道口看守(监护)人员的作业情况。

(3)肇事机动车牌照号、乘车人数等情况。

(4)公跨铁立交桥、公铁并行地段防护情况。

13.6 事故善后处理

(1)事故发生后,事故处理单位成立事故善后处理工作组,负责善后处理。

(2)地方铁路、铁路专用线和专用铁路发生的事故,善后处理及发生的费用由产权单位负责。

(3)事故造成人员死亡的,由具有资质的医疗机构或铁路公安机关出具死亡证明。死者家属对死亡原因有争议的,可请法医尸检。在尸体检验完成后,由事故善后处理工作组通知死者家属在10日内处理完毕。

(4)未知名尸体,应在当地新闻媒体刊登认尸启示,刊登后10日仍无人认领的,铁路公安机关将提取的检材(DNA鉴定物)送具备资质的鉴定机构进行解析,根据鉴定机构出具的报告录入失踪人口数据库,经县级或相当于县级以上公安机关负责人批准,事故善后处理单位按规定处理。

(5)对暂时难以确定事故性质,有他杀、自杀嫌疑的或铁路道口车辆肇事,做好现场保护,由公安机关进一步调查确定其性质。

(6)事故造成人身伤亡和财产损失,按照有关法律法规给予赔偿。铁路运输企业与事故伤亡人员家属或伤者本人按自愿原则,在事故发生地人民调解委员会或铁路运输法院主持下协商解决赔偿事宜。

(7)向法院提起民事诉讼的人身伤害赔偿案件,由事故处理单位按铁路局集团公司有关规定办理，积极应诉。

(8)境外来华人员、车辆发生事故的，除按照上述规定执行外，还应当按照办理涉外案件的有关法规规定执行。事故造成境外来华人员死亡的，由事故调查组按规定通知死者亲属或者所属国家驻华使、领馆，尸体处置事宜按照我国有关规定办理。

(9)事故调查组调查享有外交特权和豁免权的外国人发生人员死亡的事故，应当将其身份、证件及事故经过等基本情况记录在案，将有关情况迅速上报至国务院外交部门和省级人民政府外事部门。

(10)涉及军队、武警部队的事故，在事故调查后，移交军队、武警部门处理。涉及军事机密、军事禁区的事故，根据有关规定办理。

第四篇　支撑保障

14　工作机制与综合施策

14.1　工作机制

工作机制主要包括通报机制、协调机制、联动机制、长效机制和保障机制5个方面。

14.1.1　通报机制

(1)需向沿线乡镇(街道办)、县级人民政府、地级市有关部门,发文请示报告或派专人专题报告协商解决的事项,由铁路局集团公司各业务部门按专业系统归口,指导相关站段以本单位名义组织协调。

(2)需向沿线地市级人民政府和省直有关部门、铁路监督管理局,发文请示报告或派专人专题报告协商解决的事项,由铁路局集团公司各业务部门按专业系统分工以铁路局集团公司名义组织协调。

(3)需向各省级人民政府、铁路监督管理局发文请示报告或派专人报告协商解决的事项,由铁路局集团公司安监室牵头,按照管理职责组织相关部门,以铁路局集团公司名义组织协调。

(4)需向省委政法委和沿线地市市委政法委发文请示报告或派专人报告协商解决的事项,由铁路局集团公司保卫部(护路联防办)牵头,按照本系统外部环境安全管理职责组织相关部门,以铁路局集团公司名义组织协调。

(5)需向各省、市公安机关发文请示报告或派专人专题报告协商解决的事项,由领导小组组织铁路公安处协调。

14.1.2　协调机制

(1)铁路局集团公司各部门应建立本系统和有关单位隐患治理工作联系制度,指定专人负责协调和整治本部门、单位的隐患。

(2)由于铁路内部生产生活办公原因造成的外部环境安全隐患由土房部负责牵头,各使用单位具体落实整治;由于出租经营原因造成的外部环境安全隐患由有关专业主管部门牵头,各使用单位具体落实整治;专用线单位由货运部牵头协调督促产权(使用)单位进行整治。

(3)领导小组办公室每季组织相关部门,并邀请铁路公安局、铁路监督管理局共同研究隐患整治推进工作。

14.1.3 联动机制

(1)隐患整治责任单位应及时联系地方政府相关部门或单位,争取地方政府支持,全力做好整治和配合工作。

(2)保卫部(护路联防办)要积极协调地方党委政法委,对破坏铁路设施和“五类”(击打列车、线路摆障、爬乘列车、攀爬接触网塔杆、割盗设备)危行案(事)件加大打击力度,防范和压减列车与行人相撞事故、“五类”危行案(事)件发生。

14.1.4 长效机制

(1)建立“双段长”责任制。保卫部(护路联防办)总牵头,运输、工务部专业牵头,各部门、各单位配合。一是贯彻落实国家铁路局、交通运输部、住房和城乡建设部、国铁集团联合印发的《关于铁路沿线安全环境管理“双段长”制实施指导意见》(国铁安监〔2021〕6 号),按照中国铁路广州局集团有限公司(以下简称广州局集团公司)铁路“双段长”工作责任制管理办法和湖南、广东、海南三省“双段长”责任制文件要求,加快建立县、乡镇“双段长”联巡联查、联管联治、联防联控工作模式,实施铁路沿线安全环境常态化管控。二是积极协调铁路沿线各级地方人民政府将铁路沿线安全环境治理工作纳入城市运行管理服务平台等协同监管,督促落实铁路沿线环境治理主体责任,促进监管政策、措施、力量、资源有效融合。

(2)充分发挥护路联防工作机制作用。保卫部(护路联防办)一是要全面加强护路联防工作措施,结合地方党委政府推进平安铁路建设,落实铁路护路联防责任制,推进铁路沿线护路联防实行网格化管理,有效防范化解各类安全风险,严防发生影响铁路安全的重特大案(事)件。二是要着力推动铁路护路联防工作,完善各专业管理部门分工协作的铁路沿线环境安全管控模式,建立以护路、综治牵头的统筹协调机制,负责对内组织和对外联系工作,推动路地协调联动工作机制落实。三是要对接各省级人民政府,贯彻落实国务院安委会办公室印发的《国家安全发展示范城市评分标准(2019 版)》(安委办〔2020〕2 号),建立铁路外部环境安全隐患治理评价考核机制,将铁路沿线安全环境治理工作纳入平安中国建设、沿线市县安全生产、安全发展示范城市、文明城市等综合绩效考核评价体系。

(3)深化“双段长”工作机制。将表彰、感谢作为深化“双段长”机制建设的一项重要手段。一是各专业部门每半年组织收集梳理一次铁路外部环境治理表现突出的地级市(州),安监室审定后以铁路局集团公司名义向相关地市人民政府发感谢信。二是相关单位定期向铁路外部环境治理表现突出的县级人民政府及地级市相关部门发感谢信、递送锦旗,向工作积极主动、表现突出的地方段长递送荣誉证书,邀请共同添乘检查铁路沿线外部环境治理情况,提高地方政府工作的积极性和参与度,共同解决好铁路沿线治安、安全环境各类问题。

14.1.5 保障机制

(1)费用保障。整治项目费用按照轻重缓急的原则,结合年度资金额度分期分批安排实施。计统部、财务部负责统筹资金安排,实行分级分类清单式管理,落实投资计划和整治费用,有效保障铁路安全隐患综合治理项目资金需求。在隐患整治过程中,各部门和单位应坚持依法合规,主管部门应组织相关站段单位、设计单位现场调查,按照技术标准认真核实工作量,节约工程投资,提高资金使用效率。

(2)组织保障。各部门和单位应落实主体责任,主要领导为第一责任人,要加强领导、协同推进,亲自组织制定工作方案,协调解决有关问题,督促检查工作落实。分管领导具体负责排查整治工作的组织推进,要分解任务、细化措施、落实责任。

(3)宣传保障。各单位应结合安全宣传进企业、进农村、进社区、进学校、进家庭工作积极开展宣传教育活动。保卫部(护路联防办)积极协调湖南、广东、海南三省护路部门,充分利用护路微信平台和当地电视、报纸、广播电台等媒体,开展“爱路护路”公益宣传。宣传部负责利用车站、微信、微博公众号等宣传渠道,加大对外宣传。团委负责联合地方团组织和教育部门加强放心校、一般校、重点校分类管理,积极对铁路沿线2.5km范围内中小学校开展铁路安全宣传。不断提升全社会共同改善铁路沿线安全环境的意识,营造良好舆论氛围。

14.2 综合施策

14.2.1 保护性利用

对已治理消除的隐患,各部门、单位应巩固整治成果,严防问题反弹。按照现行建设标准,逐步对桥下进行全线封闭管理。同时,考虑纳入当地城市绿化美化建设、美丽乡村等整体规划。对铁路沿线城市市区、乡镇以及其他利用价值较大的区域,依法合规进行保护性开发利用,从源头上杜绝铁路外部安全环境隐患衍生。

14.2.2 安全维权

各部门、单位应积极协调公检法机关和铁路监督管理机构,推动综合运用行政执法、公益诉讼等司法手段解决铁路沿线环境问题,积极维权。

14.2.3 安全约谈

铁路安全监督管理办公室(安监室)应依法对铁路沿线危及铁路运输安全的违法行为进行调查,并按规定及时向铁路监督管理局报告,配合开展行政执法。对铁路沿线环境管控责任落实不到位的,按照规定约谈或报请铁路监督管理局约谈地方人民政府及相关部门、责任单位负责人,督促其履行维护铁路安全责任。

14.2.4 安全立法

安监室和企法部应积极配合地方政府开展铁路安全管理立法和地方政府执法检查等工作,建立政府统筹、部门协作、铁路运输企业负责、行业监管和社会监督的铁路安全管理体制机制,提高各级政府及有关部门对铁路安全管理工作重要性的认识,完善铁路安全管控长效机制,督促解决铁路沿线安全隐患,推动铁路安全管理法治化、制度化、规范化。

15 联席会议制度

国务院相关部门及省(自治区、直辖市)、市、县级地方人民政府分别建立联席会议制度。地方人民政府联席会议成员单位应包括交通运输、政法委、检察、公安、自然资源、生态环境、住房和城乡建设、水利、农业农村、应急、能源、铁路运输企业等部门和单位,各级联席会议均应明确牵头部门和联席会议办公室具体设置。

15.1 部际联席会议制度

《国务院办公厅关于同意建立铁路沿线安全环境治理部际联席会议制度的函》(国办函〔2021〕12 号)、《交通运输部关于印发铁路沿线安全环境治理部际联席会议办公室主要职责和工作规则的函》(交安监函〔2021〕83 号)等有关规定,部际联席会议制度主要包括组成部门、主要职责、议事规则和联席会议办公室等。

15.1.1 组成部门

联席会议由交通运输部、中央政法委、公安部、自然资源部、生态环境部、住房和城乡建设部、水利部、农业农村部、应急管理部、国家能源局、国家铁路局、国铁集团 12 个部门和单位组成,交通运输部为牵头单位。

部际联席会议由交通运输部主要负责同志、中央政法委有关负责同志担任召集人,国家铁路局主要负责同志担任副召集人,其他成员单位分管负责同志担任成员。部际联席会议成员因工作变动等原因需要调整的,由所在单位提出,并由部际联席会议确定。部际联席会议可根据工作需要增加成员单位。

15.1.2 主要职责

(1)在党中央、国务院领导下,分析研判铁路沿线安全环境形势,研究完善相关法律法规、规划标准、政策措施等,协调解决影响铁路沿线安全环境的普遍性、长期性、政策性问题,建立健全铁路沿线安全环境治理长效机制。

(2)指导推动有关方面落实责任,认真做好铁路沿线安全环境治理工作。

(3)完成党中央、国务院交办的其他事项。

15.1.3 议事规则

联席会议实行全体会议和专题会议制度。全体会议由召集人召集,全体成员参加,必要时可邀请其他部门或单位有关负责同志参加。专题会议由召集人召集或委托副召集人召集,全体成员或部分成员参加,必要时可邀请其他部门或单位有关负责同志参加。联席会议以纪要形式明确议定事项,由召集人签发后印发有关方面。重大事项按程序报告党中央、国务院。

15.1.4 联席会议办公室

联席会议办公室设在国家铁路局,承担联席会议日常工作。办公室主任由国家铁路局主要负责同志兼任。联席会议设联络员,由各成员单位有关司局同志担任。联席会议办公室成员或联系人因工作变动等原因需要调整的,由所在单位向联席会议办公室提出,按程序报办公室主任批准。

(1)联席会议办公室职责

①负责起草拟提交联席会议讨论的重要文件和会议纪要,汇总会议审议的重要事项和议题。

②督促和指导落实联席会议议定事项。

③负责组织起草铁路沿线安全环境治理工作相关的政策、规划、法规、标准等。

④负责针对铁路沿线安全环境发展变化趋势,提出解决问题的措施建议,定期向成员单位通报相关信息。

⑤负责与平安中国框架下铁路护路联防机制的沟通联系和工作对接。

⑥负责起草有关加强铁路沿线安全环境治理工作指导意见并贯彻落实,制定年度工作计划、重点任务并督促落实。

⑦协调解决铁路沿线安全环境治理工作存在的难点和问题。

⑧负责组织开展铁路沿线安全环境治理工作的督导检查。

⑨完成联席会议机制交办的其他工作。

(2)联席会议办公室工作规则

联席会议办公室实行工作会议制度。根据工作需要,不定期召开工作会议。工作会议由联席会议办公室主任召集,也可由主任委托常务副主任召集。会议参加人员为联席会议办公室全体成员或部分成员,必要时可邀请其他有关人员参加。工作会议以纪要形式明确会议议定事项,经征求意见后印发有关方面。

15.2 厅际联席会议制度及协调机制

铁路沿线各省(自治区、直辖市)级人民政府应建立铁路沿线安全环境治理厅际联席会议,明确厅际联席会议牵头部门、组成部门和成员名单,发挥好全省(自治区、直辖市)治理工作牵头抓总、统筹协调作用。以下为模板,各省(自治区、直辖市)可根据实际情况制定。

15.2.1 组成部门

厅际联席会议成员应包括交通运输、党委政法委、发改委、财政、检察、公安、自然资源、生态环境、住房和城乡建设、水利、农业农村、应急、能源、教育、铁路监督管理和铁路运输企业等部门、单位。各地区结合本地实际情况确定联席会议牵头部门。

联席会议设置召集人和副召集人及成员单位。召集人、副召集人的设置由各地区结合本地区实际情况确定。召集人、副召集人以外的其他成员单位分管负责同志为成员。联席会议成员因工作变动等原因需要调整的,由所在单位向联席会议办公室提出,经联席会议确定。联席会议可根据工作需要增加或调整成员单位。

联席会议设立办公室,由各地区结合本地区实际情况确定,承担联席会议日常工作,结合本地实际情况确定办公室主任。联席会议设联络员,由各成员单位有关处室负责人担任。

15.2.2 主要职责

(1)在部际联席会议指导下,落实部际联席会议议定事项。

(2)分析研判本省(自治区、直辖市)范围内铁路沿线安全环境形势,研究提出完善铁路安全地方性法规建议,制定文件、政策措施等。

(3)做好督导考核、进度控制等工作,协调解决辖区影响铁路沿线安全环境的重点难点问题。

(4)加强对市、县联席会议协调机制的工作指导,督促有关方面落实责任。

(5)按计划统筹推进本省(自治区、直辖市)范围内铁路线路封闭、铁路道口“平改立”、上跨桥移交、跨航道铁路桥梁防护等年度重点工作任务实施。

厅际联席会议应结合管辖行政区域实际,细化制定议事规则、激励考核等工作制度。

15.2.3 议事规则

联席会议实行全体会议和专题会议制度。全体会议由召集人召集,全体成员参加,必要时可邀请其他部门或单位有关负责人参加。专题会议由召集人或召集人委托副召集人召集,全体成员或部分成员参加,必要时可邀请其他部门或单位有关负责人参加,原则上每年召开不少于一次。成员单位根据工作需要可以提出召开会议的建议。联席会议议题由联席会议办公室负责收集,报联席会议召集人、副召集人审定。联席会议以纪要形式明确议定事项,经征求与会单位意见,由召集人签发后印发有关单位。重大事项按程序报告省委、省政府。

15.3 市、县级联席会议制度及协调机制

铁路沿线各市、县人民政府应建立铁路沿线安全环境治理联席会议制度或相关协调机制,明确联席会议(协调组织)牵头部门、组成部门和成员名单,发挥好市、县治理工作统筹协调、

重点推动作用。以下为模板,各市、县可根据实际情况制定。

15.3.1 组成部门

原则上应包括交通运输、政法委、发改委、财政、检察、公安、自然资源、生态环境、住房和城乡建设、水利、农业农村、应急、能源、教育、铁路运输企业等部门和单位。

15.3.2 主要职责

(1)传达、贯彻上级联席会议和文件精神,落实上级联席会议议定事项,推进本市、县范围内铁路沿线安全环境治理重点工作任务。

(2)细化完善铁路沿线安全环境治理"双段长"工作机制,对基层"双段长"制落实情况进行督促、指导、考核,分析工作中存在的问题和不足,研究制定推进基层"双段长"制落地落实的具体措施。

(3)组织开展路地联合检查、专项检查等,全面排查铁路沿线安全环境问题隐患,动态更新问题库,协调相关部门和单位做好隐患整治工作。

(4)分析研判本市、县铁路沿线安全环境形势,及时沟通、通报安全信息和工作情况,研究解决铁路沿线安全环境治理重点难点问题。

(5)定期组织开展培训教育,提高基层段长辨识风险、排查处置隐患能力。

(6)负责资金筹措,实现治理资金预算制度化、常态化,及早谋划年度治理工作重点,明确计划目标,扎实有效推进各项工作。

(7)做好铁路安全法律法规和爱路护路宣传,提高铁路沿线群众安全自保意识和爱路护路意识。

16 铁路“双段长”工作责任制管理

16.1 组织形式及机构设置

16.1.1 铁路局集团公司层面

铁路“双段长”工作由铁路局集团公司统一领导,保卫部(护路联防办)、安监室牵头负责制定铁路局集团公司铁路“双段长”工作责任制管理办法,完善相关部门责任和要求;组织开展铁路“双段长”工作责任制日常管理。工务部、运输部等专业部门负责对相关单位落实铁路“双段长”工作责任制措施进行专业指导、监督检查和考核评价。

铁路局集团公司会同铁路沿线各市(区)政府设立路地“双段长”制办公室,指定办公室负责人和联系人,按照职责分工与地方工作人员共同组织实施行政区域内“双段长”各项工作,推动实施路地“双段长”工作绩效考核评价。

16.1.2 站段层面

铁路“双段长”工作由各工务(综维)段、车务段(站)牵头组织实施,管内各土房、供电、电务、通信、货运、机务、车辆、客运等其他单位及铁路沿线派出所配合具体实施。驻湘、驻琼护路办参与,邀请广铁公安局治安管理处协作配合。

各工务(综维)段、车务段(站)单位应成立“双段长”工作领导机构,由安全科(安技科)牵头负责日常工作。

其他专业站段、车间、班组(工区)要对应工务和车务单位明确一、二、三级段长联系人,以便联络。站段由安全管理科室(安全科或安技科)明确责任人,组织本单位配合开展“双段长”工作,负责承办铁路段长转交的事项,督办“双段长”制移交问题的整改、销号。

铁路局集团公司管内各站段要将“双段长”工作责任制落实情况,纳入本单位生产管理体系,建立生产绩效考评指标,做到与日常工作同部署、同检查、同考核,形成闭环管理。

16.2 责任区段划分

按铁路沿线的地方行政区划为界，对市、县(区)、乡(镇、街道)、村(社区)行政区划界限内的铁路线路划分区段，作为市、县(区)、乡(镇、街道)、村(社区)“双段长”责任区段。路地双方共同排查，对发现的问题按照铁路红线用地内由铁路负责、铁路红线用地外由地方负责的原则整治。

每个责任区段，在路地双方各设立总段长和一、二、三级段长。其中，铁路总段长由工务(综维)段和车务段(站)长担任，铁路一、二、三级段长分别由对应的工务(综维)段或车务段(站)、车间、班组分管负责同志担任。新建铁路线路开通运营前后，应及时设置“双段长”。

以进站信号机为界，区间由工务(综维)段负责，站内由车务段(站)负责。

各地级(含)以上市辖区内存在多个站段的，原则上由工务总段长或一级段长牵头负责对接地方，车务段(站)总段长或一级段长配合。跨省界、局界的，由关联站段报经铁路局集团公司保卫部(护路联防办)、安监室及专业部室审阅后另行确定。

铁路段长责任区段的划定和责任人名单组成由各单位自行确定，实行动态管理，并分别报铁路局集团公司工务部、运输部核备。铁路段长要与相对应的地方段长保持常态化沟通，动态掌握地方段长异动情况。建立路地“双段长”联系人名单表格，按照“一市一表”建档。铁路的“双段长”人员名单参考模板见表16-1。

铁路“双段长”人员名单参考模板　　表16-1

序号	线路名称	管辖范围		地方一、二、三级段长												铁路一、二、三级段长												备注
				县(区)				乡(镇、街道)				村(社区)				站段				车间				工区				
		起始里程	终止里程	姓名	单位	职务	手机	姓名	单位	职务	手机	姓名	单位	职务	手机	姓名	单位	职务	手机	姓名	单位	职务	手机	姓名	单位	职务	手机	

合计：××市(区)地方一级段长×名，二级段长×名，三级段长×名；××段一级段长×名，二级段长×名，三级段长×名。

“双段长”制公示牌样式如图16-1所示。

铁路 “双段长” 制公示牌

铁路线路名称	××线				编号：CSJG001
铁路区段范围	K×××+×××-K×××+×××	铁路段长	×××	联系方式	1××××××××××
行政区域	××市(县)/区(乡镇)/村	地方段长	×××	联系方式	1××××××××××
岗位职责	联合巡查，隐患整治，协同监督，综合整治铁路沿线安全环境				
管控目标	解决铁路沿线安全环境监管的突出问题，全面消除安全隐患，有效净化铁路沿线安全环境。 在铁路安全保护区内禁止烧荒、放牧、排污、倾倒垃圾、种植影响行车瞭望的树木；禁止危害铁路通信信号设施，电气化铁路设施；在上跨铁路的桥梁外侧禁止附挂缆线、横幅；在铁路桥梁禁止区禁止采砂淘金；高速铁路200米范围内禁止抽取地下水。 在铁路安全保护区及周边区域存放易燃易爆危险品，设置硬/轻飘浮物、取土、挖砂、挖沟、采空作业、堆放、悬挂物品、安装杆塔、排放、建(构)筑物、采矿采石、爆破、河道疏浚等行为应当符合国家标准、行业标准，并征得铁路部门同意				
24小时值班电话	××××××××××(各单位值班电话) 接受群众监督		应急电话	×××××× 铁路突发事件报警	

×××市人民政府
××××有限公司
20××年×月

图 16-1 “双段长”制公示牌样式

16.3 工作职责

16.3.1 “双段长”制办公室

地市层面路地“双段长”制办公室负责组织实施本行政区域内“双段长”各项工作，细化完善“双段长”岗位职责，构建分工合理、责任明确、信息共享、协调联动的工作运转机制。制定工作会议、定期巡查、信息报送、隐患处置、培训管理、考核激励等相关工作制度，定期开展检查考核，组织“双段长”业务培训，协调解决本行政区域内铁路沿线安全环境治理重难点问题。

16.3.2 铁路总段长

铁路总段长负责组织成立铁路“双段长”组织机构，组织制定管理办法，牵头负责责任区内铁路外部安全环境隐患综合治理“双段长”责任制工作，分管安全或外部环境安全的副段(站)长协管日常工作。相关段(站)包保领导按线别或区段担任包保区域的铁路一级段长。

16.3.3 铁路站段一级段长

(1)负责本辖区内“双段长”各项工作，制定相关工作制度，定期组织联席会议和工作考核，推动铁路车间二级段长认真履职。

(2)工务(综维)段一级段长担任地市级路地“双段长”制办公室路方负责人，车务段(站)

一级段长主要配合,并与其他专业一级段长联系人为办公室成员。

(3)与地方段长加强沟通联系,协同研究解决重点安全环境隐患问题,定期组织综合整治和联合执法,消除安全隐患。

(4)制定铁路沿线安全环境联合巡查计划,并严格落实,确保安全隐患得到及时发现和妥善处置。

(5)建立完善的安全隐患问题库,对铁路沿线安全环境隐患实施闭环管理。

(6)加强市政建设和铁路交汇工程的管控,督促指导施工单位按要求办理相关施工手续,确保路地双方工程有序推进。

(7)在铁路局集团公司和地方政府的指导下,开展跨省界、局界、行政区域及跨铁路内部站段之间的协调工作。

16.3.4 铁路车间二级段长

(1)落实"双段长"工作制度,制定巡回图,确保铁路沿线安全环境巡查有序进行。

(2)牵头做好所辖铁路专业车间之间沿线(车站)环境整治有关管理协调工作。督促指导班组(工区)三级段长日常铁路沿线安全环境巡查工作,建立巡查记录和问题台账。

(3)定期开展联合巡查,及时发现并制止危及铁路安全的违法行为,对不能立即处理的安全隐患问题逐级上报。

(4)现场设置"双段长"制公示牌,及时处置群众举报的各类铁路沿线安全环境问题。

(5)定期对现场巡视人员进行业务培训,不断提高铁路沿线安全环境隐患的辨识和处置能力。

(6)与地方段长加强常态沟通、信息共享、协调联动,及时完成上级段长交办的工作任务,并提出处置工作建议。

16.3.5 铁路班组(工区)三级段长

(1)认真学习安全生产法律法规、国家(行业)标准和铁路沿线安全环境治理工作要求,参加上级有关部门组织的安全培训,不断提高风险辨识能力和隐患处置能力。

(2)严格落实巡查计划安排,按要求制定日常巡查时间表和路线图,遇恶劣气象、重大活动等情况加大巡查频次和力度。

(3)严格执行影响列车运行安全的突发事件信息联动和直报机制,对于巡查发现的紧急问题及时上报,并立即视情况进行现场处置。

(4)逐项排查铁路沿线安全环境风险隐患,认真填写日常巡查记录,将问题及时录入问题库和"双段长"管理信息系统。对无法处置的风险隐患,及时上报。

(5)有针对性开展铁路沿线安全环境宣传活动,向所属巡查区域的企业、社区、农村、学校等宣传铁路安全法律法规和安全知识,发放安全宣传资料。

(6)与地方段长加强常态沟通、信息共享、协调联动,及时完成上级段长交办的工作任务,并提出处置工作建议。

16.4 工作内容及协调机制

16.4.1 工作内容

各部门、单位应坚持问题导向,按照铁路局集团公司有关铁路外部环境安全管理隐患排查整治任务分工要求,对《中华人民共和国铁路法》《铁路安全管理条例》《高速铁路安全防护管理办法》等法律法规和《关于加强铁路沿线安全环境治理工作的意见》(国办函〔2021〕49 号)、《铁路外部环境安全管理办法》等规定的各类危及铁路运输安全的行为进行有效管控。

(1)加强铁路线路保护区内的安全管理,对铁路安全保护区内的动土施工、机械作业、乱堆乱放、违法搭建、开采爆破、开垦种植、烧荒放牧等行为进行管控,及时制止各类违法施工作业和危害铁路设备安全的行为。加强各类城镇工程管线、综合管廊、城市道路和铁路交汇工程建设管控,保障铁路安全。

(2)加强对沿线铁路线路、路基、桥梁、涵洞、站台等设施和护坡、排水沟、封闭栅栏网及其他铁路防护设施的安全管控。发现攀爬封闭栅栏网、向铁路线路和接触网抛掷物品、击打列车、放置障碍物、毁坏铁路设施设备、偷盗铁路器材等危害铁路安全的违法犯罪行为,及时制止,采取有效防范措施并向铁路公安机关报告,配合铁路公安机关做好处置工作。

(3)加强铁路沿线两侧 500m 范围内安全管控,对风筝、气球、无人机等低空飘浮物,塑料薄膜、防尘网、防晒网等轻飘物,彩钢瓦(石棉瓦、树脂瓦)、简易屋棚、广告牌等硬飘物,倒伏后影响铁路运输安全的塔杆、烟囱等高大设施和高大树木以及可能影响铁路行车及设施安全的上跨铁路桥梁和电力线路等采取有效管控措施。对铁路沿线违反法律法规及国家标准和行业标准,影响铁路运输安全的危险物品生产、加工、储存或销售场所,采矿采石和爆破作业,以及排放粉尘烟尘及腐蚀性气体等行为采取有效管控措施,及时消除潜在安全隐患。

16.4.2 问题巡查

问题巡查处置遵循“沿线巡查→问题写实→信息共享→协调整治→督查落实→验收销号”的管理流程,形成闭环。

巡查工作坚持分工与合作相结合的原则,按日常巡查、联合检查的方式开展,打破路地壁垒,实现共商共治的目标;铁路车间、班组(工区)开展联合巡查时,发现问题要及时记录,按“一事一档”建立问题库进行分类分级管理,并留存现场图片和排查视频等记录;路地双方各级段长要做好路地间情况通报,并反馈给有关责任单位,及时落实处置措施,对超出自身能力和职权范围的问题要及时上报上级段长;上级段长对下级段长上报的问题要统筹协调,按照本地区制定的联席、协调会议制度,组织开展路地联合会商,针对隐患问题共同制定整治方案,明确整改责任人和整改期限,并做好记录;问题交到责任单位整治后,路地双方各级段长对问题整治情况适时开展跟踪督查,对处置不力的,责令限期整改,对造成重大影响的,严肃追究相关责任人的责任;路地双方段长共同对整治完成的问题组织验收,确认整治符合要求后进行销号。

16.4.3 各级“双段长”工作制度

(1)实行路地双方三级段长日常联系及定期巡查制度。由铁路三级段长牵头,路地双方三级段长建立日常联系制度。铁路三级段长定期组织各方人员开展联合巡查,对重点地段原则上每月不少于一次,其他地段原则上每两个月不少于一次。路地双方三级段长要及时会商和处置相关问题,对发现的铁路沿线治安、安全环境问题应及时回复和处置,超出职权范围的事项要及时上报。

(2)实行路地双方二级段长协调会议和联合检查制度。协调会议每月召开一次,也可根据实际需要适时召开。组织责任区段内存在铁路沿线安全环境隐患问题的车间负责人、路地双方段长、铁路车站公安派出所、当地护路办负责人及问题责任单位人员参加。会议主要内容是通报上一阶段“双段长”制实施情况、沿线环境隐患排查整治销号情况,分析存在的问题,研究整治措施,布置安排下一阶段重点工作。铁路二级段长定期组织各方人员开展联合巡查,原则上每季度不少于一次,也可根据实际需要适时开展。

(3)实行路地双方一级段长联席会议和联合执法制度。联席会议原则上每季度不得少于一次,组织片区内相关站段负责人、铁路公安机关会同县(区)级“双段长”参加,也可结合路地“双段长”制办公室例会召开。主要协调路地解决本区域内路外安全环境问题,加强工作沟通,资源共享,研究方案,协调联动形成合力保障安全。铁路局集团公司驻湘、驻琼护路办、广东省护路联防办派员参加路地一级“双段长”联席会议,发挥护路平台优势,为站段解决重难点问题进行对接、组织、协调、处理。路地一级“双段长”每半年至少组织路地二级“双段长”开展一次联合执法,消除重点安全隐患。

16.4.4 会议组织流程及要求

工务单位牵头召集一级段长和二级段长会议,其他单位也可根据需要随时召集。召集单位负责拟发会议通知,确定会议议程,编发会议纪要,留存会议材料(含现场照片、签到表)。因特殊情况无法参会的人员要向召集单位说明情况,并委派其他人员参会,不得无故缺席,召集单位做好备注。路地“双段长”会议的会场设在铁路沿线各车站,由各车务段(站)准备会场,做好会场布置和相关会务工作。

铁路车间二级段长应根据需要及时向本单位“双段长”主管科室或一级段长报告路地二级“双段长”协调会议召开情况;“双段长”主管科室每月向工务部、运输部反馈各单位一级“双段长”联席会议召开情况。

各行政辖区内[市、县(区)、乡(镇、街道)]实行“一地一会”制,避免多头组织,重复开会。牵头单位组织会议时,应提前与车务、供电、房建、电务等相关单位(部门)做好会前沟通,征求各单位意见,合理确定会议议程,满足各参会单位的需求。

海南省路地双方一级、二级“双段长”联席会议和协调会议频次可参照本办法执行,其他事项仍按照《海南省铁路安全环境综合治理“双段长”工作责任制实施意见》(琼政字〔2020〕195 号)执行。

16.5 工作联络及信息沟通

16.5.1 建立“双段长”微信工作群

以铁路沿线县(区)、乡(镇、街道)、村(社区)为单元,按照“一单元一群”的原则建立“双段长”微信工作群,群主由铁路工务一、二、三级段长担任,邀请路地双方一、二、三级段长及相关成员参加。三级段长群人数低于 8 人的,可与二级段长群合并。铁路“双段长”之间可在确保信息安全的前提下,加强日常工作联系和情况沟通,及时发布和共享信息。

16.5.2 推进“双段长”工作平台信息化

铁路局集团公司建立健全粤湘琼“双段长”工作责任制管理信息系统,制定信息化平台管理办法,各单位严格按照办法落实工作要求,实现“双段长”工作全过程动态管理,提高信息化管理水平。

16.6 培训及考核管理

16.6.1 培训管理

铁路局集团公司各铁路工务(综维)段、车务段(站)要结合本辖区实际组织开展“双段长”培训工作,组织编写培训教材,培训内容应包含《中华人民共和国铁路法》《中华人民共和国安全生产法》《铁路安全管理条例》等相关法律法规,以及突发事件应急处置要求,原则上每年至少组织一次培训。车间“双段长”对现场巡视人员原则上每年至少组织两次业务培训,特别是对新职现场巡视人员要加强业务培训。

16.6.2 考核评价

1)站段层面

铁路局集团公司管内各铁路工务(综维)段、车务段(站)要制定本单位铁路“双段长”工作责任制管理细化措施、培训管理、考核评价等办法;铁路工务(综维)段、车务段(站)的“双段长”工作责任制管理考核,由铁路局集团公司工务部、运输部每季度末纳入“集团工务及车务系统月度基层单位综合排名考核”,铁路其他专业站段的“双段长”工作责任制管理考核由主管专业部室进行(工务部、运输部将检查发现的涉及其他专业的问题提供给相应部室),考核应结合站段两化考评指标和基层单位综合差错考核内容进行。

2)铁路局集团层面

铁路局集团公司与铁路沿线市(区)政府做好组织协调,结合各地区由环境因素引发的铁路交通事故情况,推动实施路地“双段长”工作绩效考核评价,考核结果作为安全生产、平安中国以及各地主要领导综合考核评价等的重要依据。

每年由铁路局集团公司保卫部(护路联防办)牵头,安监室、工务部、运输部配合,对集团管内各单位铁路“双段长”工作情况开展年度检查,分工务、车务系统按考核评价标准进行评比,下发通报。对年度评比排前3名的单位分别给予10000元、8000元、6000元奖励,对年度评比排末尾3名的单位分别给予10000元、8000元、6000元罚款。通过奖优罚劣,形成正向激励,确保“双段长”工作责任制有效实施,不断提高工作水平。

3)“双段长”工作考核评价标准

(1)年度考评部分

①制度建立情况(20分)

a.根据铁路局集团公司铁路“双段长”制管理办法,结合实际修订本单位管理办法、应急预案制度文件。(6分,每项3分)

b.成立路地联合“双段长”制办公室,并制定考核评价办法。(8分)

c.成立“双段长”组织机构,将“双段长”工作责任制落实情况纳入本单位生产管理体系。(3分)

d.明确各科室、车间、班组职责分工,明确一、二、三级段长工作职责。(3分)

②工作推进开展(18分)

a.新建线路开通及时增设“双段长”。(3分)

b.按“一单元一群”的原则建立一、二、三级段长微信工作群,群主由铁路段长担任,工作群须全员实名且设置“入群邀请确认”功能。(3分)

c.按规定召开一级段长联席会议、二级段长协调会议,并留存会议资料(图片、签到表等),重要事项需形成会议纪要。(3分)

d.按规定会同地方部门组织开展联合检查,并留存记录。(3分)

e. 建立健全路地双方联系制度,制定完善“一册一图一表”。(3 分)

f. 各单位“双段长”主管科室定期向工务部、运输部汇报“双段长”工作开展情况。(3 分)

③系统操作使用(15 分)

a. “双段长”工作专干和各级段长要熟悉系统功能,会操作使用系统。(3 分)

b. 将系统使用纳入本单位“双段长”工作培训内容。(3 分)

c. 及时更新完善系统中“双段长”人员信息、联系方式等。(3 分)

d. 各级段长要常态使用“双段长”信息平台开展路外安全环境隐患排查、验收、整治、销号。(3 分)

e. 系统中无未及时签收的反馈信息。(3 分)

④标识设立情况(15 分)

a. 按铁路局集团公司文件要求制定并悬挂各级段长公示牌。(3 分)

b. 车站公示牌要设在车站门口人流密集区或醒目位置,区间公示牌尽可能设在居民区附近,悬挂要牢固稳定。(3 分)

c. 对公示牌进行定期检查和维护,发现歪斜、脏污、破损、丢失等问题应及时维护、更换或增补。(3 分)

d. 各级段长的责任区段、责任人或联系方式发生变化时,悬挂单位应在一个星期内对公示牌内容进行更新。(3 分)

e. 各单位公示牌信息应按规定全部录入管理信息系统。(3 分)

⑤问题入库整改(14 分)

a. 各单位应建立路外安全环境隐患问题库,并及时录入发现的问题。(5 分)

b. 隐患问题库要分级分类管理。(4 分)

c. 积极跟进隐患问题整改,及时整治销号。(5 分)

⑥重点工作情况(18 分)

a. 圆满完成“五一”“国庆”、博鳌亚洲论坛年会等重点时期铁路“双段长”工作任务,对铁路反恐防暴工作有部署、有预案、有落实,建立健全应急处突预案,未发生影响铁路安全的重特大案(事)件。(6 分)

b. 积极组织开展铁路“双段长”工作和安全环境隐患整治,成效明显。(6 分)

c. 积极联合地方部门开展爱路护路宣传教育活动,1 年内开展 3 次县级以上较大规模的进企业、进农村、进社区、进学校、进家庭宣传教育活动,并对铁路沿线重点人群及其监护人进行重点宣传教育。(6 分)

(2)日常考评部分

①扣分项(最多扣 20 分)

a. 因“双段长”工作开展不力,辖区发生线路进人、拆(割)盗铁路设施设备、线路掷障、石击列车等危行案(事)件百公里发生数。(每百公里发生一起,普铁扣 0.5 分,高铁扣 1 分。本

项最多扣5分)

b. 因"双段长"工作开展不力,辖区发生列车与行人、大牲畜、机动车相撞等铁路交通事故。(每发生一起,普铁扣1分,高铁扣2分。本项最多扣5分)

c. 辖区内铁路线路发生危及行车安全的恶性治安、火灾和爆炸等案件。(造成一般事故或不良影响的,每件扣2分;造成较大事故或不良影响的,每件扣3分;造成重大及以上事故的,每件扣5分)

d. 推进"双段长"工作不力,被铁路局集团公司通报考核。(受"四类差错"考核,每件扣1分;受"三类差错"考核,每件扣2分;受"二类差错"考核,每件扣3分;受"一类差错"考核,每件扣4分。本项最多扣5分)

②加分项(最多加20分)

a. 联合地方部门开展爱路护路宣传教育活动被地方媒体平台(含新媒体)或铁路局集团公司正面宣传报道。(铁路局集团公司层面、地市级媒体每件1分,省级媒体每件2分,中央媒体每件5分。被多家媒体报道,取最高级别媒体加分。本项最多加10分)

b. "双段长"工作开展较好,被铁路局集团公司、地方县(区)及以上部门单位通报表扬(含表扬信。表扬信须为红头,并加盖表扬部门单位公章)或在铁路局集团公司、地市级会议上做经验交流(含书面交流)。[县(区)级每次1分,铁路局集团公司层面、市级每次2分,省级每次3分。本项最多加10分]

17 公益诉讼协作配合机制

17.1 基本概念及分类

17.1.1 基本概念

公益诉讼制度是指对违反法律、法规，侵犯社会公共利益和不特定多数人的利益的行为，任何公民、法人或者其他组织都可以根据法律的授权，向人民法院起诉，要求违法者承担法律责任的制度。

2017 年 6 月 27 日，第十二届全国人民代表大会常务委员会第二十八次会议审议通过《关于修改〈中华人民共和国民事诉讼法〉和〈中华人民共和国行政诉讼法〉的决定》第三次修正，将检察机关提起公益诉讼明确写入这两部法律，正式确立了检察公益诉讼制度。

17.1.2 分类

(1)民事公益诉讼

人民检察院在履行职责中发现破坏生态环境和资源保护、食品药品安全领域侵害众多消费者合法权益等损害社会公共利益的行为，在没有适格主体或者适格主体不提起诉讼的情况下，可以向人民法院提起民事公益诉讼。

(2)行政公益诉讼

人民检察院在履行职责中发现生态环境和资源保护、食品药品安全、国有财产保护、国有土地使用权出让等领域负有监督管理职责的行政机关违法行使职权或者不作为，致使国家利益或者社会公共利益受到侵害的，应当向行政机关提出检察建议，督促其依法履行职责。行政机关不依法履行职责的，人民检察院依法向人民法院提起行政公益诉讼。

17.2 检监企公益诉讼协作配合机制

17.2.1 协作配合机制建立

2021 年 10 月 18 日，广东省人民检察院广州铁路运输分院、广州铁路监督管理局与广州局集团公司签订《关于建立公益诉讼协作配合机制共保铁路安全的意见(2021 版)》。

2023 年 7 月 4 日，广东省人民检察院广州铁路运输分院、广州铁路监督管理局与广州局集团公司签订《关于建立公益诉讼协作配合机制共保铁路安全的意见(2023 版)》。

17.2.2 主要依据

(1)《中华人民共和国民事诉讼法》；

(2)《中华人民共和国行政诉讼法》；

(3)《中华人民共和国安全生产法》；

(4)最高人民检察院《检察机关提起公益诉讼试点方案》；

(5)《人民检察院公益诉讼办案规则》；

(6)《最高人民检察院办公厅　中国国家铁路集团有限公司办公厅关于加大铁路外部环境安全检察公益诉讼办案力度强化铁路安全法治保障的通知》(高检办发〔2024〕3 号)；

(7)广东省人民检察院广州铁路运输分院与广州局集团公司印发的《检铁共治共保铁路外部环境安全公益诉讼检察专项行动实施方案》(粤检铁发〔2024〕3 号)；

(8)《广州局集团公司企法部、安监室关于深化公益诉讼协作配合机制共保铁路安全的通知》(企函〔2023〕8 号)。

17.2.3 适用范围

(1)外部环境安全领域。主要为违反法律法规规定的危及铁路运输安全的外部环境隐患，侵占或违规使用铁路用地。聚焦难点痛点问题：公跨铁立交桥、公铁并行、铁跨公桥梁、铁路沿线油气管线等高危安全隐患；漂浮物、危树等异物侵限，危及列车行车安全问题；铁路沿线生产、加工、储存危险化学品等高危作业安全监管问题；铁路沿线违法施工、违法侵占、违法经营问题；干扰铁路无线电、信息管理系统、通信信号设施等安全稳定运行问题；铁路沿线生态环境和自然资源保护问题；其他需要重点监督的铁路外部环境安全隐患问题。

(2)铁路设施设备安全领域。主要为因设计、施工、造修质量不良等源头质量问题导致铁路设备故障，影响较大，给铁路运营及后期设备维护造成较大安全风险等影响铁路安全的行为。

(3)铁路建设安全领域。主要为因施工质量不符合标准，勘察设计不到位，监理管理不到位，压覆矿产未按协议关停或关停后仍在开采等存在铁路建设安全后果或者存在安全隐患的行为。

(4)铁路运营安全领域。主要为损坏客运服务设备设施，托运人谎报、匿报货物，夹带禁止运输货物等影响铁路运输秩序和危害铁路运营安全的行为。

(5)其他领域。主要为存在涉铁环境污染、食品安全、防疫公共卫生、无障碍环境建设、土地房产国有资产等影响铁路安全的行为及隐患。

17.2.4 相关工作机制

(1)日常联络机制。建立常态化联络机制,检监企三方各确定一名分管领导负责,明确专门联络机构,指定具体联络人员,做好沟通协调、线索移送、文件传输等日常联络工作。由广东省人民检察院广州铁路运输分院第四检察部、广州铁路监督管理局执法监察办公室、广州局集团公司企法部负责。

同时,畅通基层单位间的联络渠道、扩宽联络方式,分专业、分系统指定基层单位联络人员,建立联络人通信名单,定期对名单进行更新,系统、全面实现网格化管理。

(2)联席会议机制。原则上每半年组织召开一次联席会议,在紧急或特殊情况下可随时召开,通报有关公益诉讼线索或者案件情况,研究解决处置过程中遇到的问题,围绕充分发挥各方职能作用,研究探讨案件线索排查、调查取证、责任承担等方面的问题,凝聚共识。

(3)长效工作机制。积极借鉴行政执法与司法衔接的做法,推进行政监管、企业隐患排查与检察公益诉讼衔接。广州铁路监督管理局在履职监管、广州局集团公司在铁路安全隐患排查等工作中,发现危及铁路运输安全的公益诉讼案件线索,在安全隐患整治中遇到阻力,需要协调解决的情况下,应当及时移送广铁检察机关办理。同时,各方应在政策解读、业务咨询等方面提供专业支持,共同建立行政监督管理情况、安全隐患排查整治情况和公益诉讼线索交流会商的长效工作机制。

广州局集团公司基层单位应对移送广铁检察机关的案件线索进行安全隐患认定,并在安全隐患整治后出具验收结论。广铁检察机关对验收结论有不同意见的,可向基层单位的上级主管部门及广州铁路监督管理局反映并要求复核。

广东省人民检察院广州铁路运输分院、广州铁路监督管理局在调查、处理铁路存在的安全问题过程中,广州局集团公司相关单位做好跟进配合工作。

(4)联合行动机制。在开展铁路运输安全公益诉讼工作中,检监企三方可根据各时期的重点、热点、难点问题,联合开展专项行动,共同制定工作计划和方案,组织、指导管内各基层检察院、各站段协同开展专项整治工作。

(5)重大情况通报机制。为切实保护铁路运输安全,及时处置线索或案件,可根据工作需要,互相邀请参与案情会商或者派员参加协助办理,探索建立重大情况通报制度,及时共同研究会商,妥善处置应对。

(6)信息交流与资源共享机制。加强信息交流和资源共享,有条件可探索共建信息平台,全面推开"益心为公"志愿者检察云平台工作,在情况线索、把握政策、应用法律、办理案件等方面互相借鉴,加强协同。发挥各自优势,为对方提供技术支持和服务保障。通过采取完善公益诉讼技术专家库、聘请特邀检察官助理等方式,为办理疑难复杂案件提供专业指导,提高公益诉讼队伍整体素质。

(7)对外宣传机制。检监企三方立足办案,共同利用宣传广播、专题法律讲座等多种形式,定期对铁路沿线居民、企业等开展法律咨询、案例讲解及法律培训等法治宣传教育工作,同时结合铁路安全领域工作,对铁路安全稳定提供预防建议。

17.2.5 相关工作要求

(1)各单位业务、安全、法律等相关部门应明确分工,落实责任,紧密配合,抓实安全隐患排查、风险事件调查、公益诉讼线索处置、案件办理等各环节工作,实时掌握路外因素造成的安全隐患和侵权行为,按要求组织推进,有效进行维权。

(2)各单位应建立常态化联络机制,确定一名分管领导负责,明确负责部门,指定具体联络人员,做好内部纵向(机关部门与基层单位之间信息反馈)、外部横向(基层单位与基层检察院、铁路监管部门之间信息反馈)两条联络线,形成常态化对接协作工作模式。法律人员(专兼职)与专业人员为联络员制度的基本单元。

(3)各单位应以铁路安全领域合法权益被侵害的行为及隐患为维权重点,推进铁路沿线外部环境整治,及时、有效消除安全隐患。

(4)为切实保护铁路运输安全,及时处置线索或案件,各单位对发现的一般危及铁路运输安全的违法行为和隐患线索,在难以制止或消除时,可向检察院、广州铁路监督管理局及时报送,同时反馈铁路局集团公司企法部、安监室;对严重危害铁路运输安全的违法行为和重大安全隐患线索,应及时上报铁路局集团公司企法部、安监室及相关专业部门研究处置;对涉及涉铁环境污染、食品安全、防疫公共卫生、无障碍环境建设、土地房产国有资产等方面事项,应及时上报铁路局集团公司相关专业部门研究处置。

(5)各单位应研究并制订本单位公益诉讼处置的具体工作措施,明确基本流程、工作内容、具体要求等。维权线索、沟通协商、检察立案等重要节点进展情况,应于有关文书、信息获得之日起两日内上报铁路局集团公司企法部。各单位应将公益诉讼协作线索纳入本单位安全领域主动维权工作台账中,按要求规范记载维权工作内容,每月按时报送台账及统计数据。对重大事项应列入本单位督办事项,一事一档,动态推进,一盯到底。

(6)各单位应多措并举、创新形式,面向关键岗位人员广泛宣传检监企公益诉讼协作配合工作的目的和意义,加深对公益诉讼协作机制的认识,强化公益诉讼协作机制在保障铁路运输安全、维护铁路局集团公司合法权益方面的显著作用,特别是各工务段、房建公寓段等单位应将公益诉讼协作机制作为落实维权工作的重要内容,不断提升外部安全环境的风险防范能力。

(7)落实奖惩考核。铁路局集团公司对公益诉讼协作工作开展考核通报,对依法依规移送案件线索推进有力,避免铁路资产损失、防止安全事故的单位,按有关规定进行通报表扬,对推进不力、造成不良影响的单位进行通报批评,并根据有关规定严肃处理。

(8)加强法业融合。发生公益诉讼案件后,各单位应以案促管,在案件应对处置中总结同类规律,促进管理规范。

18 信息化管理工具

为了进一步规范铁路外部环境安全管理工作，不断提升安全保障能力和水平，国铁集团安监局组织研发了中国铁路外部环境安全管理信息系统。

18.1 系统简介

18.1.1 系统登录

用户使用浏览器访问环境系统，建议使用谷歌浏览器。

在地址栏中输入系统的访问地址，打开系统登陆界面，在用户名及密码框中输入正确的用户名和密码登录系统。

在密码输入错误10次时，账户被锁定，无法登录系统，需要上级单位管理员进行解锁或24h后账户自动解锁。系统登录界面如图18-1所示。

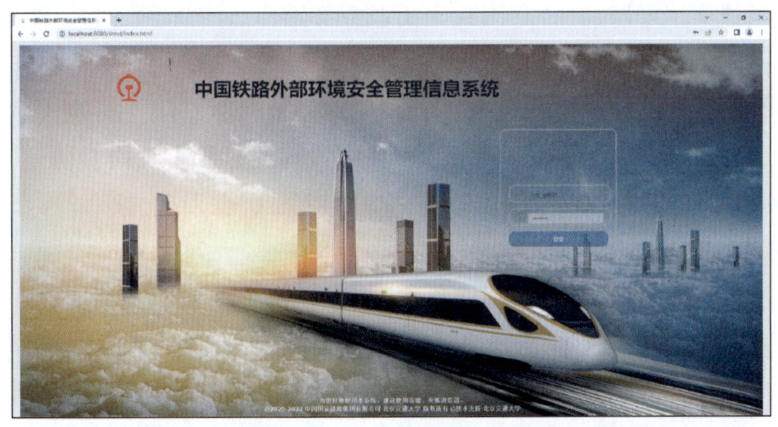

图18-1 中国铁路外部环境安全管理信息系统登录界面

18.1.2 系统首页

首页界面划分为右上方的系统功能区、中间靠上的功能菜单区、信息框所在的信息区。

系统功能：(1)首页：返回首页；(2)返回：返回上一页；(3)设置：访问用户在系统中设置包括界面布局、界面风格、信息列表每页显示条数、提示对话框样式等信息；(4)修改密码：设置用户密码；(5)退出：退出系统。

功能菜单：对系统功能导航。

首页信息：

(1)高铁概况：以图表形式显示高铁未销号隐患信息，点击饼状图可显示隐患详细信息。

(2)普铁概况：以图表形式显示普铁未销号隐患信息，点击饼状图可显示隐患详细信息。

(3)工作任务：显示本级单位下发工作任务后下级单位查阅情况；显示本级单位待查阅的工作任务信息；显示本级单位下发工作任务后下级单位工作任务完成情况。

(4)预警报警：对管内隐患临近整治期限未销号系统予以自动预警，统计预警隐患数量；对管内隐患超过整治期限未销号系统予以自动报警，统计报警隐患数量，点击数字可显示隐患详细信息。

(5)我的关注：统计用户设为关注的隐患的数量，点击数字可显示隐患详细信息。统计用户设为关注的隐患其整治进程有更新的数量，点击数字可显示隐患详细信息。

(6)隐患整治概况：根据用户所属机构类型的不同显示不同的统计信息，点击柱状图可显示隐患详细信息。

(7)隐患动态：根据用户的不同(铁路局集团公司专业部门、站段、车间、班组/工区)显示待其处置的隐患信息，点击数字查看并处置此隐患。

18.1.3 基本情况模块

(1)各铁路局情况

访问用户：国铁集团安监局用户、国铁集团业务部用户。

访问路径：基本情况-各铁路局情况。

功能描述：统计各铁路局隐患的总数、未销号数、已销号数。用户可点击列表中数字和柱状图，查看详细隐患信息。点击左侧图例，可控制柱状图的显示。点击左侧下方的功能按钮，可以下载数据列表及图形。

(2)各类别隐患情况

访问用户：国铁集团安监局用户、国铁集团业务部用户。

访问路径：基本情况-各类别隐患情况。

功能描述：统计各类别隐患的总数、未销号数、已销号数。用户可点击列表中数字和柱状图，查看详细隐患信息。点击左侧图例，可控制柱状图的显示。点击左侧下方的功能按钮，可以下载数据列表及图形。

(3)各等级隐患情况

访问用户：国铁集团安监局用户、国铁集团业务部用户。

访问路径：基本情况-各等级隐患情况。

功能描述：统计各等级隐患的总数、未销号数、已销号数。用户可点击列表中数字和柱状图，查看详细隐患信息。点击左侧图例，可控制柱状图的显示。点击左侧下方的功能按钮，可以下载数据列表及图形。

(4)各级线路情况

访问用户:国铁集团安监局用户、国铁集团业务部用户。

访问路径:基本情况-各级线路情况。

功能描述:统计各级线路隐患的总数、未销号数、已销号数。用户可点击列表中数字和柱状图,查看详细隐患信息。点击左侧图例,可控制柱状图的显示。点击左侧下方的功能按钮,可以下载数据列表及图形。

(5)六大干线情况

访问用户:国铁集团安监局用户、国铁集团业务部用户。

访问路径:基本情况-六大干线情况。

功能描述:统计六大干线隐患的总数、未销号数、已销号数。用户可点击列表中数字和柱状图,查看详细隐患信息。点击左侧图例,可控制柱状图的显示。点击左侧下方的功能按钮,可以下载数据列表及图形。

(6)专业部门情况

访问用户:国铁集团安监局用户、国铁集团业务部用户。

访问路径:基本情况-专业部门情况。

功能描述:统计专业部门隐患的总数、未销号数、已销号数。用户可点击列表中数字和柱状图,查看详细隐患信息。点击左侧图例,可控制柱状图的显示。点击左侧下方的功能按钮,可以下载数据列表及图形。

(7)各省级政府情况

访问用户:国铁集团安监局用户、国铁集团业务部用户。

访问路径:基本情况-各省级政府情况。

功能描述:统计各省级政府隐患的总数、未销号数、已销号数。用户可点击列表中数字和柱状图,查看详细隐患信息。点击左侧图例,可控制柱状图的显示。点击左侧下方的功能按钮,可以下载数据列表及图形。

18.2 隐患录入

(1)隐患查询-隐患库查询

访问用户:各类用户。

访问路径:隐患管理-隐患查询-隐患库查询。

功能描述:对隐患信息进行查询,可以查看隐患一事一档信息并导出 Word 格式数据,列表中隐患可导出 Excel 格式数据。

由于隐患数据字段很多,列表内容过多不方便查看,用户可以通过列设置这一功能,对列表中需要显示的列、固定显示的列，按哪些列进行排序来进行选择，隐患库查询列表根据列设置来显示隐患数据。

(2)隐患查询-通知书查询

访问用户：铁路局集团办公室用户、铁路局集团专业处室用户、铁路局集团车间用户、铁路局集团班组/工区用户。

访问路径：隐患管理-隐患查询-通知书查询。

功能描述：查看单位管内隐患的通知书信息。

(3)隐患查询-告知书查询

访问用户：铁路局集团办公室用户、铁路局集团专业处室用户、铁路局集团车间用户、铁路局集团班组/工区用户。

访问路径：隐患管理-隐患查询-告知书查询。

功能描述：查看单位管内隐患的告知书信息。

(4)隐患查询-整治函查询

访问用户：铁路局集团办公室用户、铁路局集团专业处室用户、铁路局集团站段用户、铁路局集团车间用户、铁路局集团班组/工区用户。

访问路径：隐患管理-隐患查询-整治函查询。

功能描述：查看单位管内隐患的整治函信息。

(5)隐患查询-正式会议查询

访问用户：铁路局集团办公室用户、铁路局集团专业处室用户、铁路局集团站段用户、铁路局集团车间用户、铁路局集团班组/工区用户。

访问路径：隐患管理-隐患查询-正式会议查询。

功能描述：查看单位管内隐患的正式会议信息。

(6)隐患查询-依归约谈查询

访问用户：铁路局集团办公室用户、铁路局集团专业处室用户、铁路局集团站段用户、铁路局集团车间用户、铁路局集团班组/工区用户。

访问路径：隐患管理-隐患查询-依归约谈查询。

功能描述：查看单位管内隐患的依归约谈信息。

(7)隐患查询-依法维权查询

访问用户：铁路局集团办公室用户、铁路局集团专业处室用户、铁路局集团站段用户、铁路局集团车间用户、铁路局集团班组/工区用户。

访问路径：隐患管理-隐患查询-依法维权查询。

功能描述：查看单位界内隐患的依法维权信息。

(8)隐患查询-隐患实时查询

访问用户：铁路局集团办公室用户、铁路局集团专业处室用户、铁路局集团站段用户、铁路局集团车间用户、铁路局集团班组/工区用户。

访问路径：隐患管理-隐患查询-隐患实时查询。

功能描述：通过隐患编码查询未销号隐患的流转情况，用户可以根据列表中的操作说明，对隐患进行流程处理操作。

(9)隐患提报-隐患信息录入

功能描述：可新增本单位隐患信息，可修改、删除本单位已录入且未经入库确认的隐患信息。可修改本单位已录入且经过入库确认的隐患信息。

录入界面中红星标注的为必填字段。

检查人信息中如果站段车间下没有班组或工区则不用填写所属班组；如果机构维护时没有维护班组或工区信息，此处可手动输入班组或工区名称。

概况信息中如果站段管理员用户维护了线路行政区划信息，那么线路类别、线路名称、行别、行政区划（所属省份、地市、区县、乡镇）在选择时会缩小筛选范围；如果铁路责任选择是，则下方地方单位信息不用填写；如果违法选择否，则违反的条款信息不用填写；在隐患等级填写的过程中，系统会根据线路类别、是否安保区、是否铁路用地、隐患类别自动判定等级；车间用户可以根据系统判定等级自行选定隐患等级；站段用户在对隐患定级时，可以参考系统给定的隐患等级和车间选定的隐患等级来对隐患定级。隐患查重是根据发现日期在一个月内，相同的线路，所在公里位置前后100m，距安保区起点距离正负50m及隐患类别来对隐患进行查重判断，如是重复隐患则关闭此页面，无须录入隐患信息。

(10)隐患提报-反弹隐患录入

访问用户：铁路局集团站段管理员用户、铁路局集团车间用户。

访问路径：隐患管理-隐患提报-反弹隐患录入。

功能描述：通过查询本单位管内曾经出现的反弹隐患，在列表中勾选此隐患后，点击新增按钮，此隐患的基本信息带入隐患录入页面，避免反弹类隐患的重复录入。

(11)隐患提报-上级已驳回入库

用户：铁路局集团车间用户。

访问路径：隐患管理-隐患提报-上级已驳回入库。

功能描述：查看上级单位已驳回入库的隐患信息，根据驳回意见修正后，再进行提报。

(12)隐患提报-上级入库查询

访问用户：铁路局集团车间用户。

访问路径：隐患管理-隐患提报-上级已确认入库。

功能描述：查看上级单位已确认入库的隐患信息。

(13)定级入库-待本级确认入库

访问用户：铁路局集团站段管理员用户。

访问路径：隐患管理-定级入库-待本级确认入库。

功能描述:查看待本单位确认入库的隐患信息,对隐患进行定级,确认是否入库,等级定级为一般二级和三级的隐患直接入库,一般一级需专业部门确认定级后入库,重大隐患需专业部门和安监部门确认定级后入库。

(14)定级入库-上级已驳回入库

访问用户:铁路局集团站段管理员用户。

访问路径:隐患管理-定级入库-上级已驳回入库。

功能描述:查看上级单位已驳回入库的隐患信息,根据驳回意见修正后再进行提报。

(15)定级入库-本级入库查询

访问用户:铁路局集团站段管理员用户。

访问路径:隐患管理-定级入库-本级入库查询。

功能描述:查看本单位确认入库的隐患信息。

(16)定级入库-上级入库查询

访问用户:铁路局集团站段管理员用户。

访问路径:隐患管理-定级入库-上级入库查询。

功能描述:查看上级单位已确认入库的隐患信息。

(17)重大一级确认-待本级确认入库

访问用户:铁路局集团专业处室管理员用户。

访问路径:隐患管理-重大一级确认-待本级确认入库。

功能描述:查看待本单位确认入库的等级为重大和一般一级隐患信息,确认是否入库。

(18)重大一级确认-上级已驳回入库

访问用户:铁路局集团专业处室管理员用户。

访问路径:隐患管理-重大一级确认-上级已驳回入库。

功能描述:查看上级单位已驳回入库的隐患信息。重大隐患入库被驳回,专业处室可以查看信息,站段可以根据驳回意见修正后再定级入库。

(19)重大一级确认-本级入库查询

访问用户:铁路局集团专业处室管理员用户。

访问路径:隐患管理-重大一级确认-本级入库查询。

功能描述:查看本单位确认入库的隐患信息。

(20)重大一级确认-上级入库查询

访问用户:铁路局集团专业处室管理员用户。

访问路径:隐患管理-重大一级确认-上级入库查询。

功能描述:查看上级单位已确认入库的隐患信息。

(21)重大确认-待本级确认入库

访问用户:铁路局集团办公室用户。

访问路径:隐患管理-重大确认-待本级确认入库。

功能描述:查看待本单位确认入库的等级为重大隐患信息,确认是否入库。

(22)重大确认-本级入库查询

访问用户:铁路局集团办公室用户。

访问路径:隐患管理-重大确认-本级入库查询。

功能描述:查看本单位确认入库的隐患信息。

(23)处置申报-申请处置申报

访问用户:铁路局集团专业处室管理员用户、铁路局集团站段管理员用户。

访问路径:隐患管理-处置申报-申请处置申报。

功能描述:查看本级单位已确认入库的隐患,申请处置申报。专业处室对一般一级,站段对一般二级、三级隐患在无法确认如何进行整治或无法开展整治工作等情况下需进行处置申报,由上级部门指导工作。

(24)申报受理-待本级确认受理

访问用户:铁路局集团办公室管理员用户、铁路局集团专业处室管理员用户。

访问路径:隐患管理-申报受理-待本级确认受理。

功能描述:查看待本单位确认的处置申报信息,确认是否需要处置申报。如专业处室依然无法确认,则需申报给铁路局集团办公室受理。

(25)申报受理-上级已驳回受理

访问用户铁路局集团专业处室管理员用户、铁路局集团站段管理员用户。

访问路径:隐患管理-申报受理-上级已驳回受理。

功能描述:查看上级单位已驳回的处置申报信息,根据驳回意见修正后再进行申请处置申报。

(26)申报受理-本级受理查询

访问用户:铁路局集团办公室管理员用户、铁路局集团专业处室管理员用户。

访问路径:隐患管理-申报受理-本级已确认申报。

功能描述:查看本单位确认的处置申报信息。

(27)申报受理-上级受理查询

访问用户:铁路局集团站段管理员用户。

访问路径:隐患管理-申报受理-上级受理查询。

功能描述:查看上级单位已确认的处置申报信息。

(28)申报受理-督办受理查询

访问用户:铁路局集团专业处室用户。

访问路径:隐患管理-申报受理-督办受理查询。

功能描述:查看铁路局集团办公室已确认的处置申报信息。

（29）整治进程-进程记录

访问用户：铁路局集团办公室管理员用户、铁路局集团专业处室管理员用户、铁路局集团站段管理员用户、铁路局集团车间用户。

访问路径：隐患管理-整治进程-进程记录。

功能描述：查看已入库的隐患信息，勾选列表中隐患后点击录入进程信息按钮，添加隐患的整治信息。录入进程信息，点击增加行可录入多条整治信息，包括日期、整治措施、隐患图片最少上传一张，完成后提交即可。

（30）整治进程-拟通知书

访问用户：铁路局集团站段管理员用户。

访问路径：隐患管理-整治进程-拟通知书。

功能描述：查看已入库的隐患信息，对单条隐患发通知书，隐患涉及违法时发通知书。

（31）整治进程-拟告知书

访问用户：铁路局集团站段管理员用户。

访问路径：隐患管理-整治进程-拟告知书。

功能描述：查看已入库的隐患信息，对单条隐患发告知书，隐患未涉及违法时发告知书。

（32）整治进程-正式发书

访问用户：铁路局集团站段管理员用户。

访问路径：隐患管理-整治进程-正式发书。

功能描述：查看拟发书的隐患信息，对单条记录可以修改发书信息，可多次上传签章文件。上传签章文件时需选择发书方式，此隐患的发书方式以最后一次发书时间的发书方式为准，并可查看多次上传的签章文件信息和此隐患详细信息。

（33）整治进程-发整治函

访问用户：铁路局集团办公室管理员用户、铁路局集团专业处室管理员用户、铁路局集团站段管理员用户。

访问路径：隐患管理-整治进程-发整治函。

功能描述：可新增本单位待下发的整治函信息，可修改、删除、查看本单位已下发的整治函信息，对单一函件进行隐患的关联，最终正式发布。非铁路责任的隐患可以与函件关联，函件关联隐患信息后可以正式发布。

（34）整治进程-正式会议

访问用户：铁路局集团办公室管理员用户、铁路局集团专业处室管理员用户、铁路局集团站段用户。

访问路径：隐患管理-整治进程-正式会议。

功能描述：可新增本单位待下达的正式会议，可修改、删除、查看本单位已下达的正式会议，对单一正式会议进行隐患的关联，最终正式保存会议信息。非铁路责任的隐患可以与正式会议关联,正式会议关联隐患信息后可以正式保存。

(35)整治进程-依归约谈

访问用户:铁路局集团办公室管理员用户。

访问路径:隐患管理-整治进程-依归约谈。

功能描述:可新增本单位待下达的约谈,可修改、删除、查看本单位已下达的约谈,对单一约谈进行隐患的关联,最终正式保存约谈信息。约谈关联隐患信息后可以正式保存。

(36)整治进程-依法维权

访问用户:铁路局集团办公室管理员用户、铁路局集团专业处室管理员用户、铁路局集团站段管理员用户。

访问路径:隐患管理-整治进程-依法维权。

功能描述:查看已入库的隐患信息,对单条隐患勾选后新增维权信息。

(37)隐患销号-站段销号

访问用户:铁路局集团站段管理员用户。

访问路径:隐患管理-隐患销号-站段销号。

功能描述:查看本站段录入的等级为一般二级和三级的隐患信息,在录入销号信息,提交后,销号完毕。录入销号信息时,隐患图片最少上传一张。在整治进程-进程记录功能中,录入隐患整治信息后,可触发站段销号。

(38)隐患销号-销号自审

访问用户:铁路局集团站段管理员用户。

访问路径:隐患管理-隐患销号-销号自审。

功能描述:站段销号完成后,可查看本站段已销号隐患信息,自行进行审核,未通过审核可对站段已销号隐患进行取消销号操作。

(39)隐患销号-申请销号

访问用户:铁路局集团站段管理员用户、铁路局集团车间用户。

访问路径:隐患管理-隐患销号-申请销号。

功能描述:站段用户对隐患等级为重大、一般一级和经过处置申报的隐患信息,在录入销号信息后进行申请销号;车间用户对其录入的且隐患等级为一般二级和三级的隐患信息,在录入销号信息后进行申请销号。整治进程-进程记录功能中录入隐患整治信息后的隐患可触发申请销号。

(40)隐患销号-上级已驳回销号

访问用户:铁路局集团专业处室管理员用户、铁路局集团站段管理员用户、铁路局集团车间管理员用户。

访问路径:隐患管理-隐患销号-上级已驳回销号。

功能描述:查看上级单位已销号驳回的隐患信息,根据驳回意见修正后再进行销号申请

(41)隐患销号-待本级确认销号

访问用户：铁路局集团办公室管理员用户、铁路局集团专业处室管理员用户、铁路局集团站段管理员用户。

访问路径：隐患管理-隐患销号-待本级确认销号。

功能描述：查看待本单位确认销号的隐患信息，确认是否销号。

(42)隐患销号-本级销号查询

访问用户：铁路局集团办公室管理员用户、铁路局集团专业处室管理员用户。

访问路径：隐患管理-隐患销号-本级销号查询。

功能描述：查看本级单位已确认销号隐患信息。

(43)隐患销号-上级销号查询

访问用户：铁路局集团专业处室管理员用户、铁路局集团站段管理员用户、铁路局集团车间用户。

访问路径：隐患管理-隐患销号-上级销号查询。

功能描述：查看上级单位已销号确认的隐患信息。

(44)临期预警-临期预警统计

访问用户：国铁集团安监局用户、国铁集团业务部用户、国铁集团特派办用户。

访问路径：隐患管理-临期预警-临期预警统计。

功能描述：临期预警指对临近整治期限的未销号隐患采取的预警措施，按各铁路单位统计等级为重大和一般一级隐患的临期预警信息。

(45)临期预警-临期预警查询

访问用户：各类用户。

访问路径：隐患管理-临期预警-临期预警查询。

功能描述：可对达到预警日期的隐患进行查询。

(46)超期报警-超期报警统计

访问用户：国铁集团安监局用户、国铁集团业务部用户、国铁集团特派办用户。

访问路径：隐患管理-超期报警-超期报警统计。

功能描述：超期报警指对超出整治期限的未销号隐患采取的报警措施，按各铁路单位统计等级为重大和一般一级隐患的超期报警信息。

(47)超期报警-超期报警查询

访问用户：各类用户。

访问路径：隐患管理-超期报警-超期报警查询。

功能描述：可对超过整治期限的隐患进行查询。

(48)历史信息-历史信息导入

访问用户：铁路局集团办公室用户、铁路局集团站段用户。

访问路径:隐患管理-历史信息-历史信息导入。

功能描述:对历史隐患进行批量导入,下载模板-填写信息-加载文件-上传。

(49)历史信息-历史信息维护

访问用户:铁路局集团办公室用户、铁路局集团站段用户。

访问路径:隐患管理-历史信息-历史信息维护。

功能描述:对批量导入的隐患进行查看、修改、删除。

18.3 隐患分析

18.3.1 统计分析模块

(1)定期报表-按铁路单位动态统计

访问用户:国铁集团安监局用户、国铁集团业务部用户、国铁集团特派办用户,铁路局集团办公室用户、铁路局集团专业处室用户、铁路局集团站段用户。

访问路径:统计分析-定期报表-按铁路单位动态统计。

功能描述:用户可以对日期类型进行选择,可分别按发现日期和入库日期、线路类别、专业等维度,来对各铁路单位统计各类别隐患的信息,可以对统计信息导出 Excel 格式统计表。用户可点击列表中数字,查看详细隐患信息。其中列表中的当期问题数指入库日期在日期范围内的隐患问题数量,如果不选择开始日期则统计隐患总数;当期未销号数指入库日期在日期范围内的未销号隐患数量;销号数指销号日期在日期范围内的销号隐患数量;未销号总数指系统内全部已入库且未销号隐患数量,该值与日期范围无关。

(2)定期报表-按行政区划动态统计

访问用户:国铁集团安监局用户、国铁集团业务部用户、国铁集团特派办用户,铁路局集团办公室用户、铁路局集团专业处室用户、铁路局集团站段用户。

访问路径:统计分析-定期报表-按行政区划动态统计。

功能描述:用户可以对日期类型进行选择,可分别按发现日期和入库日期、线路类别、专业等维度,来对各省级行政区划统计各类别隐患的信息,可以对统计信息导出 Excel 格式统计表。用户可点击列表中数字,查看详细隐患信息。其中列表中的当期问题数指入库日期在日期范围内的隐患问题数量,如果不选择开始日期则统计隐患总数量;当期未销号数指入库日期在日期范围内的未销号隐患数量;销号数指销号日期在日期范围内的销号隐患数量;未销号总数指系统内全部已入库且未销号隐患数量,该值与日期范围无关。

(3)隐患分析-按铁路单位分析

访问用户:国铁集团安监局用户、国铁集团业务部用户、国铁集团特派办用户,铁路局集团办公室用户、铁路局集团专业处室用户、铁路局集团站段用户。

访问路径:统计分析-隐患分析-按铁路单位分析。

功能描述:按各铁路单位统计,根据统计维度的选择,统计不同维度的信息,这里选择统计维度后再进行查询,列表中才显示统计信息。用户可以对统计信息导出 Excel 格式统计表。用户可点击列表中数字,查看详细隐患信息。点击图例,可控制柱状图的显示。点击左侧下方的功能按钮,可以下载图形。其中列表中的当期问题数指入库日期在日期范围内的隐患问题数量,如果不选择开始日期则统计隐患总数;当期未销号数指入库日期在日期范围内的未销号隐患数量;销号数指销号日期在日期范围内的销号隐患数量;未销号总数指系统内全部已入库且未销号隐患数量,该值与日期范围无关。

(4)隐患分析-按速度等级分析

访问用户:国铁集团安监局用户、国铁集团业务部用户、国铁集团特派办用户,铁路局集团办公室用户、铁路局集团专业处室用户、铁路局集团站段用户。

访问路径:统计分析-隐患分析-按速度等级分析。

功能描述:按速度等级统计,根据统计维度的选择,统计不同维度的信息,这里选择统计维度后再进行查询,列表中才显示统计信息。用户可以对统计信息导出 Excel 格式统计表。用户可点击列表中数字,查看详细隐患信息。点击图例,可控制柱状图的显示。点击左侧下方的功能按钮,可以下载图形。其中列表中的当期问题数指入库日期在日期范围内的隐患问题数量,如果不选择开始日期则统计隐患总数;当期未销号数指入库日期在日期范围内的未销号隐患数量;销号数指销号日期在日期范围内的销号隐患数量;未销号总数指系统内全部已入库且未销号隐患数量,该值与日期范围无关。

(5)隐患分析-按具体线路分析

访问用户:国铁集团安监局用户、国铁集团业务部用户、国铁集团特派办用户,铁路局集团办公室用户、铁路局集团专业处室用户、铁路局集团站段用户。

访问路径:统计分析-隐患分析-按具体线路分析。

功能描述:按具体线路统计,根据统计维度的选择,统计不同维度的信息,这里选择线路类别、线路名称、统计维度后再进行查询,列表中才显示统计信息。用户可以对统计信息导出 Excel 格式统计表。用户可点击列表中数字,查看详细隐患信息。点击图例,可控制柱状图的显示。点击左侧下方的功能按钮,可以下载图形。其中列表中的当期问题数指入库日期在日期范围内的隐患问题数量,如果不选择开始日期则统计隐患总数;当期未销号数指入库日期在日期范围内的未销号隐患数量;销号数指销号日期在日期范围内的销号隐患数量;未销号总数指系统内全部已入库且未销号隐患数量,该值与日期范围无关。

(6)隐患分析-按行政区划分析

访问用户:国铁集团安监局用户、国铁集团业务部用户、国铁集团特派办用户,铁路局集团办公室用户、铁路局集团专业处室用户、铁路局集团站段用户。

访问路径:统计分析-隐患分析-按行政区划分析。

功能描述:按行政区划统计,根据统计维度的选择,统计不同维度的信息,这里选择统计维度后再进行查询,列表中才显示统计信息。用户可以对统计信息导出 Excel 格式统计表。用户可点击列表中数字,查看详细隐患信息。点击图例,可控制柱状图的显示。点击左侧下方的功能按钮,可以下载图形。如统计数据过多,图形无法全部显示,可以通过移动图形下方进度条来查看图形数据。其中列表中的当期问题数指入库日期在日期范围内的隐患问题数量,如果不选择开始日期则统计隐患总数;当期未销号数指入库日期在日期范围内的未销号隐患数量;销号数指销号日期在日期范围内的销号隐患数量;未销号总数指系统内全部已入库且未销号隐患数量,该值与日期范围无关。

(7)隐患分析-按界限范围分析

访问用户:国铁集团安监局用户、国铁集团业务部用户、国铁集团特派办用户,铁路局集团办公室用户、铁路局集团专业处室用户、铁路局集团站段用户。

访问路径:统计分析-隐患分析-按界限范围分析。

功能描述:用户可以按日期范围、铁路专业、线路类别、隐患类别、隐患等级等维度,来对各铁路单位统计其管内不同界限范围内的隐患的统计信息,可以对统计信息导出 Excel 格式统计表。用户可点击列表中数字,查看详细隐患信息。其中列表中的总数指入库日期在日期范围内的隐患问题数量,如果不选择开始日期则统计隐患总数;未销号数指入库日期在日期范围内的未销号隐患数量;销号数指销号日期在日期范围内的销号隐患数量。

(8)隐患分析-书告等情况分析

访问用户:国铁集团安监局用户、国铁集团业务部用户、国铁集团特派办用户,铁路局集团办公室用户、铁路局集团专业处室用户、铁路局集团站段用户。

访问路径:统计分析-隐患分析-书告等情况分析。

功能描述:对各铁路单位和各行政区划内的隐患按其整治方式进行统计,用户可以对统计信息导出 Excel 格式统计表。其中列表中的当期问题数指入库日期在日期范围内的隐患问题数量,如果不选择开始日期则统计隐患总数;当期未销号数指入库日期在日期范围内的未销号隐患数量;销号数指销号日期在日期范围内的销号隐患数量;未销号总数指系统内全部已入库且未销号隐患数量,该值与日期范围无关。此处统计信息列表中数字未添加超链接。

(9)隐患分析-依法维权分析

访问用户:国铁集团安监局用户、国铁集团业务部用户、国铁集团特派办用户,铁路局集团办公室用户、铁路局集团专业处室用户、铁路局集团站段用户。

访问路径:统计分析-隐患分析-依法维权分析。

功能描述:对各铁路单位和各行政区划内的隐患按其维权方式进行统计,用户可以对统计信息导出 Excel 格式统计表。用户可点击列表中数字,查看详细隐患信息。其中列表中的当期问题数指入库日期在日期范围内的隐患问题数量,如果不选择开始日期则统计隐患总数;当期未销号数指入库日期在日期范围内的未销号隐患数量;销号数指销号日期在日期范围内的销号隐患数量;未销号总数指系统内全部已入库且未销号隐患数量,该值与日期范围无关。

(10)自定义分析

访问用户:国铁集团安监局用户、国铁集团业务部用户、国铁集团特派办用户,铁路局集团办公室用户、铁路局集团专业处室用户、铁路局集团站段用户。

访问路径:统计分析-自定义分析。

功能描述:通过对列表中显示的行和列进行选择,自定义显示待统计的信息,可以对统计信息导出 Excel 格式统计表。用户可点击列表中数字,查看详细隐患信息。其中列表中的当期问题数指入库日期在日期范围内的隐患问题数量,如果不选择开始日期则统计隐患总数;当期未销号数指入库日期在日期范围内的未销号隐患数量;销号数指销号日期在日期范围内的销号隐患数量;未销号总数指系统内全部已入库且未销号隐患数量,该值与日期范围无关。

18.3.2 我的关注模块

(1)设为关注

访问用户:各类用户。

访问路径:我的关注-设为关注。

功能描述:对需要关注的隐患进行关注设置,可对隐患信息勾选后查看其一事一档信息并能导出 Word 格式的信息表格,对列表中查询到的隐患导出 Excel 格式的信息列表。其中,国铁集团安监局用户、国铁集团业务部用户、国铁集团特派办用户默认关注等级为重大隐患,铁路局集团办公室用户、铁路局集团专业处室用户默认关注等级为重大、一般一级隐患。

(2)关注查询

访问用户:各类用户。

访问路径:我的关注-关注查询。

功能描述:对已关注的隐患进行查询,可对隐患信息勾选后查看其一事一档信息并能导出 Word 格式的信息表格。通过列表中提示信息列,查看此隐患在其闭环管理中的相关变化信息,隐患勾选后点击设为已阅,则清空列表中此隐患的提示信息内容;隐患勾选后点击取消关注,则不再关注此隐患信息。

18.3.3 工作任务模块

(1)本级工作-工作任务下达

访问用户:国铁集团安监局用户、国铁集团特派办用户、铁路局集团办公室用户,铁路局集团专业处室用户、铁路局集团站段用户。

访问路径:工作任务-本级工作-工作任务下达。

功能描述:可新增本单位待下达的任务,可修改、删除、查看本单位已下达的任务,其中,国铁集团安监局用户在任务下达时,可以选择抄送部门(抄送给特派办)。新任务录入完成后,在列表中点击发布按钮,此任务正式发布给任务接收单位。

(2)本级工作-工作任务销号

访问用户:国铁集团安监局用户、国铁集团特派办用户,铁路局集团办公室用户、铁路局集团专业处室用户、铁路局集团站段用户。

访问路径:工作任务-本级工作-工作任务销号。

功能描述:对本单位下达的任务进行任务销号,可根据主送单位提报的销号情况进行任务销号。用户可以点击列表中查看任务按钮,查看任务的详细信息;点击列表中下级任务销号提报情况按钮,查看任务的完成情况和销号提报情况;最后可根据这些信息,点击列表中任务销号按钮,完成此任务的销号。

(3)本级工作-履职工作下达

访问用户:国铁集团安监局用户、国铁集团特派办用户,铁路局集团办公室用户。

访问路径:工作任务-本级工作-履职工作下达。

功能描述:可新增本单位待下达的履职工作,可修改、删除、查看本单位已下达的履职工作。新履职工作录入完成后,在列表中点击发布按钮,此履职工作正式发布给接收单位。

(4)本级工作-自行履职工作

访问用户:国铁集团特派办用户,铁路局集团办公室用户、铁路局集团站段用户。

访问路径:工作任务-本级工作-自行履职工作。

功能描述:可新增本单位自行履职工作,新增后可修改、查看本单位自行履职工作。路局集团站段用户在新增自行履职工作时,履职类型只可以选择发函。

(5)上级工作-工作任务接收

访问用户:国铁集团特派办用户,铁路局集团办公室用户、铁路局集团站段用户。

访问路径:工作任务-上级工作-工作任务接收。

功能描述:对上级单位下达的任务,任务接收单位可查看任务,并需要在查看后把任务"设为已阅"后,才可对任务进行开展。

(6)上级工作-工作任务开展

访问用户:路局集团办公室用户、铁路局集团专业处室用户、铁路局集团站段用户、铁路局集团车间用户。

访问路径:工作任务-上级工作-工作任务开展。

功能描述:上级单位下达的任务在接收并设为已阅后,进入任务开展阶段,在任务开展中本级单位可以对任务进行转发,任务转发后本级单位可以对下级单位上报的任务开展情况进行汇总,再填报本单位的任务开展信息。

如不进行转发,本单位可直接填写任务开展信息。

(7)上级工作-任务销号提报

访问用户:路局集团办公室用户、铁路局集团专业处室用户、铁路局集团站段用户、铁路局集团车间用户。

访问路径:工作任务-上级工作-任务销号提报。

功能描述:任务下达中的主送单位可以在任务各阶段开展工作,各阶段任务完成后可根据任务完成情况进行销号提报。

(8)上级工作-履职工作接收

访问用户:国铁集团特派办用户,铁路局集团办公室用户、铁路局集团专业处室用户、铁路局集团站段用户、铁路局集团车间用户。

访问路径:工作任务-上级工作-履职工作接收。

功能描述:对上级单位下达的履职工作,接收单位可查看履职工作,并需要在查看后把履职工作"设为已阅"后,才可对履职工作进行开展。

(9)上级工作-履职工作开展

访问用户:铁路局集团办公室用户、铁路局集团专业处室用户、铁路局集团站段用户、铁路局集团车间用户。

访问路径:工作任务-上级工作-履职工作开展。

功能描述:上级单位下达的履职工作在接收并设为已阅后,进入履职工作开展阶段,点击列表中"本级开展任务",可以查看、新增、修改本单位的履职工作信息。

(10)任务查询-工作任务查询

访问用户:国铁集团安监局用户、国铁集团业务部用户、国铁集团特派办用户,铁路局集团办公室用户、铁路局集团专业处室用户、铁路局集团站段用户、铁路局集团车间用户。

访问路径:工作任务-任务查询-工作任务查询。

功能描述:可对本级下达的任务、上级下达的任务进行查询。其中查看本级下达的任务包括本级下达的任务信息和下级单位任务完成情况。查看上级下达的任务包括本级接收到的任务信息和本单位任务开展情况,如果任务经过本级转发,则可以查看到转发的任务信息和下级单位任务完成情况。其中,国铁集团安监局用户只能查看本级下达的任务,车间用户只能查看上级下达的任务。

(11)任务查询-履职工作查询

访问用户:国铁集团安监局用户、国铁集团业务部用户、国铁集团特派办用户,铁路局集团办公室用户、铁路局集团站段用户。

访问路径:工作任务-任务查询-履职工作查询。

功能描述:可对本级下达的工作、上级下达的工作进行查询。其中查看本级下达的工作包括本级下达的工作信息和下级单位工作完成情况。查看上级下达的工作包括本级接收到的工作信息和本单位工作开展情况。其中,国铁集团安监局用户只能查看本级下达的任务,站段用户只能查看上级下达的任务。

18.3.4 工作月报模块

(1)环境安全信息维护

访问用户:铁路局集团办公室用户。

访问路径:工作月报-环境安全信息维护。

功能描述:对本铁路局集团公司管界内发生的环境安全信息进行维护,可对环境安全信息新增、修改、删除、批量导入,查看本单位已下达的环境安全信息。

(2)路外安全信息维护

访问用户:铁路局集团办公室用户。

访问路径:工作月报-路外安全信息维护。

功能描述:对本铁路局集团公司管界内发生的路外安全信息进行维护,可对路外安全信息新增、修改、删除、批量导入,查看本单位已下达的路外安全信息。

(3)全路环境安全总表

访问用户:国铁集团安监局用户。

访问路径:工作月报-全路环境安全总表。

功能描述:对各铁路局集团公司管界内在一定时期发生的环境安全问题,从线路类别(高铁、普铁)、事故设备故障类别等维度进行统计。用户可点击列表中数字,查看详细的安全信息。

(4)全路问题类别统计

访问用户:国铁集团安监局用户。

访问路径:工作月报-全路问题类别统计。

功能描述:对各铁路局集团公司管界内在一定时期发生的环境安全问题,从问题类别、事故设备故障类别等维度进行统计。用户可点击列表中数字,查看详细的安全信息。

(5)全路事故类别统计

访问用户:国铁集团安监局用户。

访问路径:工作月报-全路事故类别统计。

功能描述:对各铁路局集团公司管界内在一定时期发生的环境安全问题,通过同比和环比对事故类别进行统计。用户可点击列表中数字,查看详细的安全信息。环比统计:指本期统计数据与上期统计数据进行比较;同比统计:指本年某月和某季度统计数据与过去某年同时期的统计数据进行比较。

(6)全局环境安全总表

访问用户:铁路局集团办公室用户。

访问路径:工作月报-全局环境安全总表。

功能描述:对本铁路局集团公司管界内各省级行政区划在一定时期发生的环境安全问题,

从线路类别(高铁、普铁)、事故设备故障类别等维度进行统计。用户可点击列表中数字,查看详细的安全信息。

(7)全局问题类别统计

访问用户:铁路局集团办公室用户。

访问路径:工作月报-全局问题类别统计。

功能描述:对本铁路局集团公司管界内在一定时期发生的各类环境安全问题,从线路类别(高铁、普铁)、事故设备故障类别等维度进行统计。用户可点击列表中数字,查看详细的安全信息。

(8)安全信息查询

访问用户:国铁集团安监局用户、铁路局集团办公室用户。

访问路径:工作月报-全路事故类别统计。

功能描述:对全路或全局发生的安全信息进行查询。

18.3.5 态势分析模块

(1)全路隐患数据分析

访问用户:国铁集团安监局、业务部、特派办用户。

访问路径:态势分析-全路隐患数据分析。

功能描述:按高速铁路和普速铁路,以及入库日期范围选择后的环比统计和同比统计、铁路专业、隐患类别、隐患等级等维度,来对全路隐患的总数、未销号数、销号数进行统计分析,以图形的方式展现,可根据图例的点选控制图形上信息的显示,可以通过左下方工具按钮对数据、图形进行导出,对图形显示方式进行切换(折线图与柱状图),可通过鼠标滚轮,对图形横坐标进行拉伸,以显示更多数据。其中的总数指入库日期在日期范围内的隐患问题数量;未销号数指上述隐患总数中至今未销号隐患数量;销号数指上述隐患总数中至今已销号隐患数量。环比统计指本期统计数据与上期统计数据进行比较;同比统计指本年某月和某季度统计数据与过去某年同时期的统计数据进行比较。

(2)全路隐患等级分析

访问用户:国铁集团安监局、业务部、特派办用户。

访问路径:态势分析-全路隐患等级分析。

功能描述:按隐患等级,以及入库日期范围选择后的环比统计和同比统计的选择,来对全路隐患的总数、未销号数、销号数分别进行统计分析,以图形的方式展现,可根据图例的点选控制图形上信息的显示,可以通过左下方工具按钮对数据、图形进行导出,对图形显示方式进行切换(折线图与柱状图),可通过鼠标滚轮,对图形横坐标进行拉伸,以显示更多数据。其中的总数指入库日期在日期范围内的隐患问题数量;未销号数指上述隐患总数中至今未销号隐患数量;销号数指上述隐患总数中至今已销号隐患数量。环比统计指本期统计数据与上期统计数据进行比较;同比统计指本年某月和某季度统计数据与过去某年同时期的统计数据进行比较。

(3)全路工作专业分析

访问用户:国铁集团安监局、业务部、特派办用户。

访问路径:态势分析-全路工作专业分析。

功能描述:按专业,以及入库日期范围选择后的环比统计和同比统计的选择,来对全路隐患的总数、未销号数、销号数分别进行统计分析,以图形的方式展现,可根据图例的点选控制图形上信息的显示,可以通过左下方工具按钮对数据、图形进行导出,对图形显示方式进行切换(折线图与柱状图),可通过鼠标滚轮,对图形横坐标进行拉伸,以显示更多数据。其中的总数指入库日期在日期范围内的隐患问题数量;未销号数指上述隐患总数中至今未销号隐患数量;销号数指上述隐患总数中至今已销号隐患数量。环比统计指本期统计数据与上期统计数据进行比较;同比统计指本年某月和某季度统计数据与过去某年同时期的统计数据进行比较。

(4)铁路集团公司分析

访问用户:国铁集团安监局、业务部、特派办用户。

访问路径:态势分析-铁路集团公司分析。

功能描述:按铁路单位,以及入库日期范围选择后的环比统计和同比统计的选择,来对全路隐患的总数、未销号数、销号数分别进行统计分析,以图形的方式展现,可根据图例的点选控制图形上信息的显示,可以通过左下方工具按钮对数据、图形进行导出,对图形显示方式进行切换(折线图与柱状图),可通过鼠标滚轮,对图形横坐标进行拉伸,以显示更多数据。其中的总数指入库日期在日期范围内的隐患问题数量;未销号数指上述隐患总数中至今未销号隐患数量;销号数指上述隐患总数中至今已销号隐患数量。环比统计指本期统计数据与上期统计数据进行比较;同比统计指本年某月和某季度统计数据与过去某年同时期的统计数据进行比较。

(5)全局隐患数据分析

访问用户:铁路局集团办公室用户、铁路局集团专业处室用户。

访问路径:态势分析-全局隐患数据分析。

功能描述:按高速铁路和普速铁路,以及入库日期范围选择后的环比统计和同比统计、铁路专业、隐患类别、隐患等级等维度,来对全局隐患的总数、未销号数、销号数进行统计分析,以图形的方式展现,可根据图例的点选控制图形上信息的显示,可以通过左下方工具按钮对数据、图形进行导出,对图形显示方式进行切换(折线图与柱状图),可通过鼠标滚轮,对图形横坐标进行拉伸,以显示更多数据。其中的总数指入库日期在日期范围内的隐患问题数量;未销号数指上述隐患总数中至今未销号隐患数量;销号数指上述隐患总数中至今已销号隐患数量。环比统计指本期统计数据与上期统计数据进行比较;同比统计指本年某月和某季度统计数据与过去某年同时期的统计数据进行比较。

(6)全局隐患等级分析

访问用户:铁路局集团办公室用户、铁路局集团专业处室用户。

访问路径:态势分析-全局隐患等级分析。

功能描述:按隐患等级,以及入库日期范围选择后的环比统计和同比统计的选择,来对全局隐患的总数、未销号数、销号数分别进行统计分析,以图形的方式展现,可根据图例的点选控制图形上信息的显示,可以通过左下方工具按钮对数据、图形进行导出,对图形显示方式进行切换(折线图与柱状图),可通过鼠标滚轮,对图形横坐标进行拉伸,以显示更多数据。其中的总数指入库日期在日期范围内的隐患问题数量;未销号数指上述隐患总数中至今未销号隐患数量;销号数指上述隐患总数中至今已销号隐患数量。环比统计指本期统计数据与上期统计数据进行比较;同比统计指本年某月和某季度统计数据与过去某年同时期的统计数据进行比较。

(7)全局工作专业分析

访问用户:铁路局集团办公室用户、铁路局集团专业处室用户。

访问路径:态势分析-全局工作专业分析。

功能描述:按专业,以及入库日期范围选择后的环比统计和同比统计的选择,来对全局隐患的总数、未销号数、销号数分别进行统计分析,以图形的方式展现,可根据图例的点选控制图形上信息的显示,可以通过左下方工具按钮对数据、图形进行导出,对图形显示方式进行切换(折线图与柱状图),可通过鼠标滚轮,对图形横坐标进行拉伸,以显示更多数据。其中的总数指入库日期在日期范围内的隐患问题数量;未销号数指上述隐患总数中至今未销号隐患数量;销号数指上述隐患总数中至今已销号隐患数量。环比统计指本期统计数据与上期统计数据进行比较;同比统计指本年某月和某季度统计数据与过去某年同时期的统计数据进行比较。

(8)铁路站段分析

访问用户:铁路局集团办公室用户、铁路局集团专业处室用户。

访问路径:态势分析-铁路站段分析。

功能描述:按铁路专业下各铁路单位,以及入库日期范围选择后的环比统计和同比统计的选择,来对全局隐患的总数、未销号数、销号数分别进行统计分析,以图形的方式展现,可根据图例的点选控制图形上信息的显示,可以通过左下方工具按钮对数据、图形进行导出,对图形显示方式进行切换(折线图与柱状图),可通过鼠标滚轮,对图形横坐标进行拉伸,以显示更多数据。其中的总数指入库日期在日期范围内的隐患问题数量;未销号数指上述隐患总数中至今未销号隐患数量;销号数指上述隐患总数中至今已销号隐患数量。环比统计指本期统计数据与上期统计数据进行比较;同比统计指本年某月和某季度统计数据与过去某年同时期的统计数据进行比较。

(9)行政区划隐患态势

访问用户:国铁集团安监局用户、国铁集团业务部用户、国铁集团特派办用户,铁路局集团办公室用户、铁路局集团专业处室用户。

访问路径：态势分析-行政区划隐患态势。

功能描述：通过地图形式对隐患的总数、未销号数进行统计分析，右侧饼图显示前五的行政区划隐患占比，右侧柱状图对各行政区划的隐患数量由多到少进行排序。通过鼠标左键点击地图上行政区划，可以下钻到下级行政区划，通过鼠标右键点击地图上行政区划，可以返回到上级行政区划，地图默认显示省级行政区划，下钻能到区县级行政区划。

18.4 参考资料及维护

18.4.1 参考资料模块

(1)案例管理-案例录入

访问用户：国铁集团安监局用户、铁路局集团办公室用户。

访问路径：参考资料-案例管理-案例录入。

功能描述：用户可以对案例新增，可对本机构用户录入的案例信息进行查询、修改、删除。

(2)案例管理-案例查询

访问用户：各类用户。

访问路径：参考资料-案例管理-案例查询。

功能描述：对全路案例信息进行查询，用户可点击列表中的"查看案例信息"，查看详细典型案例信息。

(3)案例管理-案例统计

访问用户：各类用户。

访问路径：参考资料-案例管理-案例统计。

功能描述：按各铁路单位统计，根据统计维度的选择，统计不同维度的案例信息，可以对统计信息导出 Excel 格式统计表。用户可点击列表中数字，查看详细案例信息。

(4)资料管理-资料新增

访问用户：国铁集团安监局用户、铁路局集团办公室用户。

访问路径：参考资料-资料管理-资料新增。

功能描述：用户可以对资料信息新增、修改、删除，可对全部资料信息进行查询。在新增时，用户可以通过是否需要维护具体条款的选择，来决定此资料是否需要维护其下的具体条款信息。

(5)资料管理-资料废止

访问用户：国铁集团安监局用户、铁路局集团办公室用户。

访问路径：参考资料-资料管理-资料废止。

功能描述:用户可以对资料中的具体条例点选后,点击废止法规条款按钮,来对此条法规进行废止操作。

(6)资料管理-资料查询

访问用户:各类用户。

访问路径:参考资料-资料管理-资料查询。

功能描述:对资料进行查询,对列表中内容列点击加号可展开查看资料具体内容。

(7)法律法规管理-初始录入

访问用户:国铁集团安监局用户、铁路局集团办公室用户。

访问路径:参考资料-法律法规管理-初始录入。

功能描述:用户可以对列表中的法律法规点选后进行新增、修改、删除操作。

(8)法律法规管理-修正维护

访问用户:国铁集团安监局用户、铁路局集团办公室用户。

访问路径:参考资料-法律法规管理-修正维护。

功能描述:用户可以对列表中的法律法规点选后进行修正操作。修正并非修改,修正后,原有的法规条款依旧存在,可根据条件是否查看新版条款查询修正前的法规条款。

18.4.2 系统维护

(1)机构维护

访问用户:铁路局管理员、铁路局专业部门管理员、铁路局站段管理员(各级管理员用户唯一)。

访问路径:系统维护-机构维护。

配置原则:铁路局管理员维护专业部门数据,创建机构后,系统自动生成铁路局专业部门管理员用户。铁路局专业部门管理员维护本专业站段数据,创建机构后,系统自动生成铁路局站段管理员用户。铁路局站段管理员维护本站段下属车间、班组/工区数据,并在机构撤并时对隐患数据进行迁移。各级管理员用户只能对其维护的机构数据进行修改、删除。

功能描述:各级管理员用户可以选择页面左侧机构树根节点,此时页面右侧出现新增按钮,点击后添加其下属机构。当创建站段、车间、班组/工区时,可以空格间隔站段、车间、班组/工区名称,以进行批量创建机构。当创建综合站段时需要此站段所属专业的各专业部门管理员建立此站段且名称相同(例如合肥高铁基础设施段,包含工务、供电,那么工务部和供电部管理员都需要在机构下建立合肥高铁基础设施段)。选择页面左侧机构树子节点,此时页面右侧出现修改和删除按钮,用户根据实际情况修改和删除机构信息。

站段车间的撤并,需由专业部门管理员创建和删除站段,站段管理员用户创建和删除车间。如撤销站段,其存在隐患数据,此时需要对站段管内各车间隐患数据进行迁移,迁移到其他车间下。如撤销车间,其存在隐患数据,此时需要对此车间隐患数据进行迁移,迁移到其他车间下。由站段管理员在左侧机构书中选择一个车间作为隐患数据迁移的目的地车间,再点击页面右侧迁移隐患数据至此车间,在列表中选择需迁移的车间数据后,点击迁移隐患数据。

(2)用户维护

访问用户:铁路局管理员、铁路局专业部门管理员、铁路局站段管理员(各级管理员用户唯一)。

访问路径:系统维护-用户维护。

配置原则:机构信息初始化完成以后,再进行用户信息初始化。各级管理员用户可新增、修改、删除下级机构的用户。建议铁路局专业部门管理员维护专业部门用户信息。

铁路局站段管理员维护本站段及下属车间、班组/工区用户信息。

功能描述:管理员用户可以对本机构的用户进行新增、修改、删除。登录账号是用户创建时自动生成,用户名称可以自定义。当用户忘记密码,可以告知管理员恢复初始密码,勾选列表中待恢复初始密码的用户,再点击列表上侧【恢复初始密码】,即提示用户密码恢复成功。在用户登录系统时,密码输入错误10次时,用户账号被锁死,需告知管理员用户对其账号进行解锁,由管理员用户勾选列表中待解除锁定的用户账号,再点击列表上侧【解除锁定】,即提示用户账号解除锁定成功。

(3)线路行政区划维护

访问用户:铁路局站段管理员、铁路局管理员、铁路局专业部门管理员。

访问路径:系统维护-线路行政区划维护。

配置原则:机构信息初始化完成以后,再进行线路行政区划信息初始化。

功能描述:建立铁路线路、车间、行政区划对应关系。铁路局站段管理员可以对线路行政区划信息进行查询、新增、修改、删除以及批量导入。铁路局管理员、铁路局专业部门管理员可以对线路行政区划信息进行查询。

线路行政区划信息批量导入的步骤:

点击【下载模板】,根据填写说明填写线路行政区划信息。

线路行政区划信息数据填写完毕,点击【加载本地Excel文件(仅读取第一个Sheet)】,完成后点击【上传】。

上传成功后,线路行政区划信息批量导入界面中会显示导入成功。新增加的线路行政区划信息就显示在线路行政区划信息列表中。

若上传失败,线路行政区划信息批量导入界面中会显示错误信息位置,铁路局站段管理员用户根据提示信息修改线路行政区划信息后,再重新加载并上传文件。

18.4.3 帮助中心模块

(1)文档

访问用户:各类用户。

访问路径：帮助中心-文档。

功能描述：帮助文档点击下载。

(2)视频

访问用户：各类用户。

访问路径：帮助中心-视频。

功能描述：帮助视频在线观看及下载。

(3)软件

访问用户：各类用户。

访问路径：帮助中心-软件。

功能描述：系统中用到的软件点击下载。

第五篇　典型案例

19 典型整治案例

19.1 违法施工类

广佛肇城际铁路沿线违法施工整治案例:2013—2017 年,广东省肇庆市鼎湖大道城市化道路改造施工,邻近佛肇城际铁路 K91 + 800 ~ K111 + 280 段,在未征得铁路运输企业同意并签订安全协议,在未向铁路部门办理相关手续的情况下,侵入铁路线路安全保护区内施工,造成多处铁路线路偏移。最大一处偏移量达 39.2mm。同时,由于施工单位使用大型起重机和桩机距离铁路 5 ~ 15m,高于轨面 4 ~ 8m,存在起重机或桩机倾倒侵入铁路限界的安全隐患,严重危及动车组运行安全。2018 年,肇庆市政府出资 9000 余万元委托中铁第四勘察设计院集团有限公司(以下简称"铁四院")对违法施工造成的铁路线路偏移地段进行了纠偏整治(图 19-1)。

a)整治前现场

b)整治后现场

图 19-1 广佛肇城际铁路施工整治前后现场

19.2 危险物品类

怀化中民燃气公司危险物品案例：怀铁液化气站建于1985年，主要经营液化石油气。2016年6月，怀化市怀化中民燃气有限公司在怀化货运中心管辖的怀铁液化气站铁路专用线安全保护区内新建占地面积600m^2的液化气钢瓶检测站。厂房外墙距离铁路专用线仅有3.1m（图19-2），厂房内有具有高温明火作业、焚烧炉烟囱向外排放等现象，直接威胁铁路专用线油车装卸作业和铁路液化气站的安全，存在重大火灾隐患。2017年12月，经最高人民检察院铁路运输检察厅实地督导，2018年怀化市搬迁了该座液化气钢瓶检测站。

图19-2　专用线距液化气钢瓶检测站厂房太近

19.3 上跨并行类

石长线公跨铁桥梁无防撞设施隐患案例：2023年3月，某工务段开展上跨桥专项检查发现湖南省常德市鼎城蔡家岗镇境内，对应石长铁路K59+342公跨铁桥梁右桥头两端防撞墙长度不足，公跨铁桥桥头无防撞设施，存在汽车失控冲入铁路隐患。2023年6月，地方责任单位修建了20m长钢筋混凝土防撞墙，消除了安全隐患（图19-3）。

a)整治前

图　19-3

b)整治后

图 19-3　石长铁路跨铁桥桥头无防撞设施整治前后

19.4　违法取水类

沪昆高铁沿线违法取水案例:2023 年 6 月 10 日,某工务段巡查发现湖南省长沙市雨花区,对应沪昆高铁 K1081 +900 有 1 处距离高铁约 2m 的抽水井未封填。该水井系被当地村民用于菜地取水。工务段对接雨花区黎托街道办事处于 2023 年 6 月 12 日将该处进行了封闭(图 19-4)。

a)整治前

b)整治后

图 19-4　沪昆高铁沿线附近抽水井封填整治前后

19.5 河道桥梁类

京广线铁路河道桥梁隐患整治案例:2016 年 7 月 4 日,某工务段执行防洪出巡,21 时,巡查人员发现湖南省长沙市开福区,对应京广铁路丝茅冲至捞刀河间 K1557 +900 捞刀河铁路桥 4 号桥墩被一艘无人驾驶空运沙船碰刮(图 19-5),船尾卡在下行东侧第 4 孔人行道步行板牛腿支架间。7 月 5 日 2 时,长沙市地方海事局牵头,将肇事船拖离现场。后续工务段通过大修,对桥梁进行整体加固,并安装限高防护架,同步采取诉讼方式向责任人索赔。

图 19-5 京广铁路捞刀河铁路桥被撞现场

19.6 开采爆破类

京港高铁沿线违规开采爆破案例:2022 年 1 月 10 日,广东省惠州市仲恺高新区沥林镇贝欣路下穿京港高铁项目擅自使用二氧化碳岩石致裂作业方式,石块和泥沙飞入潼湖特大桥 K2308 +580 ~ K2308 +770 段铁路线路,损坏铁路桥梁护栏、轨道、钢轨和轨道基础结构,造成经济损失达 181 万元,危及高铁运行安全。事故现场如图 19-6 所示。

图 19-6 京港高铁沿线违规开采爆破安全事故现场

针对此次路外安全事故，工务段向惠州市仲恺高新区检察院提请公益诉讼，向责任单位索赔造成的损失。

19.7 违建违占类

19.7.1 京广高铁沿线违建违占案例

京广高铁 K1596 + 740 洪塘村桥第三孔桥下，铁路车站派出所警备区旁，长沙市雨花区洪塘村肖某某非法搭建加工厂，在桥下砌筑围墙、堆放铝合金材料。影响设备的日常检查，侵占铁路用地，导致桥下无法进行封闭。2016 年 11 月 29 日、2017 年 6 月 21 日先后两次由雨花区政府相关部门和工务段对此处非法搭建的建筑进行了强拆，并对高速铁路桥下进行围蔽处理，彻底整治了隐患（图 19-7）。

a)整治前现场

b)整治后现场

图 19-7 京广铁路沿线违建违占整治前后

19.7.2 沪昆铁路沿线违建违占案例

2020 年 5 月，某房建公寓段在湖南省怀化市鹤城区检查发现沪昆上行线 K1542 + 600 ~ K1542 + 700 处安全保护区内搭建了一处面积约 1000m² 石棉瓦屋面的违章厂房，存在严重的路外安全隐患。2020 年 9 月，鹤城区政府对此违章建筑进行了拆除，消除了安全隐患（图 19-8）。

a)整治前现场

图 19-8

b)整治后现场

图 19-8　沪昆铁路沿线违建违占整治前后

19.8 堆放隐患类

深湛铁路违法堆放隐患整治案例：2021 年 5 月至 6 月，路外人员高某分 4 次将 2 万 t 河沙运到深湛线 K140 +970 西侧，距桥梁边缘 17m 外堆放引起桥梁偏移。6 月 18 日通过高铁 CPⅢ控制网检测 K140 +940 线路平面相对于 17 日晚最大位移 15mm，18 日晚拨道处理后申请限速运行。铁路局集团公司向广东省应急管理厅报告后，江门市政府督促责任人清理了河沙（图 19-9）。

a)沙堆清理前

b)沙堆清理后

图 19-9　深湛线沙堆清理前后

19.9 倒落隐患类

沪昆铁路桥梁防抛网倾倒隐患整治案例：2023 年 5 月 21 日，某供电段巡视人员发现沪昆铁路 K1120 +210 处，湘潭市高新区东二环高月塘跨沪昆铁路桥梁的西侧和中间护栏及防抛网向桥梁内侧发生倾倒，立即联系湘潭市交通运输局，采取了临时措施加固，防止了事故发生。

沪昆铁路桥梁防抛网倾倒隐患现场及加固措施如图 19-10 所示。

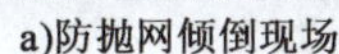

a)防抛网倾倒现场　　b)采取临时措施加固

图 19-10　沪昆铁路桥梁防抛网倾倒隐患现场及加固措施

19.10 树植隐患类

京广铁路倒树案例：2023 年 8 月 30 日，湖南省株洲市石峰区响石岭街道金盆岭社区广铁大坝街小区一棵法国梧桐树从根部自然枯死折断，压断小区内电力线路后，树枝挂在铁路线路上，造成接触网跳闸，影响客车 9 列、货车 1 列，严重影响铁路运行安全(图 19-11)。

a)枯树隐患

b)枯树倾倒

图 19-11　京广铁路枯树倾倒现场

19.11 违法排放类

广深线 K34km 处违法排放隐患整治案例：2020 年 10 月，路外人员建成凤凰五金建材城，非法搭建的钢结构建筑物占地总面积约 5 万 m^2，非法侵占铁路用地和违法建设。广东省第一地区人民检察院从铁路安全隐患入手，委托广东省科学院测试分析研究所对广深线接触网绝缘子表面沉积的污染粉尘进行物质成分检测，对污染粉尘的来源进行分析，并对绝缘设备安全性能和对铁路安全的影响进行评估。广东省第一地区人民检察院对违建区域生产过程产生粉尘影响铁路供电设备、违法排放污水、部分租户无照经营等情况，提起行政公益诉讼。2023 年 12 月，广州市城市管理和综合执法局、增城区人民政府联合铁路局集团公司拆除了 A 区、B 区约 1.2 万 m^2 钢结构库房，取得了阶段性成果（图 19-12）。

a)违建拆除前

b)违建拆除后

图 19-12　广深线 K34km 处违建拆除前后

19.12　硬飘浮物类

沪昆线彩钢瓦事故案例：2022 年 4 月 24 日，湖南省湘潭市湘潭县云湖桥镇，沪昆线湘潭至云湖桥站间 K1149 +270 处，在 7 ~ 9 级大风作用下，将村民田某私自在路堤坡脚外 21m 处搭建的面积约 $52m^2$（长 9.1m，宽 5.7m）的钢结构棚刮起，坠落至接触网上，造成铁路 2 根供电杆折断，下行线接触网承力索断线，构成铁路交通一般 C14 类事故（图 19-13）。

a)事故现场图片航拍图

b)被大风吹入线路的彩钢瓦棚

图 19-13　沪昆线彩钢瓦事故现场航拍和近拍图

19.13　轻飘浮物类

广深港高铁密目网处治案例：2019 年 1 月 27 日，广东省深圳市光明新区广深港线光明城至虎门间 K2374 +600，路外施工单位在 1 月 21 日采用密目网对堆土进行简易覆盖处理，之后未做任何加固处理，在瞬间旋风的作用下异物飘落在铁路接触网上(图 19-14)。该起事件严重影响了高铁运输秩序。

a)现场接触网挂异物

b)施工单位正在清理绿色防尘网

图 19-14 广深港高铁密目网事件图片

19.14 危害铁路通信信号设施类

广茂线挖断铁路电缆事故处治案例：2022 年 6 月 27 日，路外施工单位擅自非法使用挖掘机进入广东省肇庆市高要区广茂线 K121 +280 ~ K121 +350 铁路地界内，在有多处明显铁路通信标桩以及铁路地界标桩的情况下，进行挖沟作业，挖断铁路通信电缆，构成铁路交通一般 D9 类事故(图 19-15)。

a)事故现场

b)整改后现场

图 19-15 广茂线挖断铁路电缆事件整改前后

19.15 危害电气化铁路设施类

沪昆线危害高压电缆隐患整治案例:沪昆线怀化市鹤城区新家庄某涂料基地内,对应沪昆线怀化—公坪自闭31号、贯通55号高压电缆处,在怀化—公坪电力贯通线高压电缆边修建房屋,将电缆砌在房屋里,严重威胁铁路电力线路的安全运行以及住户人员的生命安全,存在严重安全隐患。经铁路检察院督促,地方相关部门于2022年8月4日对违建房屋彻底拆除,供电部门于8月9日将电缆重新敷设掩埋,并设立电缆标示,彻底解决了该隐患(图19-16)。

a)整治中

b)整治后

图19-16 沪昆线危害高压电缆隐患整治前后

19.16 非法通行类

京广线非法通行处治案例:2022年6月,某房建公寓段排查发现湖南省岳阳市汨罗市川山坪镇,京广线上行 K1528 +100 ~ K1528 +460,高家坊站内 4 道旁,未实施封闭,路外人员穿越铁路通行,存在严重安全隐患。2022 年 11 月,房建公寓段新建栅栏封闭线路(图 19-17)。

a)整治前

b)整治后

图 19-17　京广线非法通行整治前后

19.17 非法烧荒类

杭深铁路沿线山火案例:2018 年 4 月 3 日,广东省潮州市潮安区沙溪镇村民在杭深高铁潮阳站至潮汕站间 K1322 +800 处,桑浦山隧道口上方祭祖拜山时引发山火。山火燃烧蔓延至铁路栅栏内,严重影响高铁运输秩序(图 19-18)。

图 19-18　桑浦山隧道口处山火现场

19.18 放养牲畜类

广茂线耕牛上道处治案例:2023 年 5 月 24 日,广东省阳江市阳春市潭水镇,对应广茂线石碌至潭水区间 K262 +600 处线路旁左侧进入两头水牛,影响一趟客车运行,工务段立即组织清理,对上牛路段安装防牛栏,并在非法过道设置防牛桩(图 19-19)。

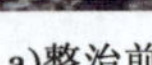

a)整治前

b)整治后

图 19-19　广茂线耕牛上道处治前后

19.19　重大事故隐患整治案例

19.19.1　城镇燃气管线下穿沪昆高铁怀化南站咽喉区重大安全隐患整治案例

1)隐患基本情况

怀化南站西侧咽喉区范围内存在一条油气管线,沿湖天南大道东侧自北向南依次穿越龙怀联络线 K3 + 240(跨湖天南大道桥)、沪昆高铁 K1415 + 994(湖天路钢架桥)、怀衡铁路 K13 + 474(湖天大道钢构桥)、张吉怀高铁 K245 + 688(跨湖天南大道桥)。管道建设于 2010 年(建设晚于沪昆高铁,早于怀衡铁路、张吉怀高铁),与铁路交角 90°,产权单位为怀化新奥燃气有限公司。管道类型:城镇燃气;输送介质类型:天然气;管道设计压力:0.4MPa;管径:300mm;管道材质:PE 聚乙烯;管道设有防护套管,套管直径 600mm,中间采用砂质填充,管道采取挖沟直埋于桥下道路下方,埋深 1.5m(图 19-20)。

图 19-20　沪昆高铁怀化南站咽喉区城镇燃气管线下穿重大安全隐患

2)隐患研判情况

(1)隐患现状及其产生原因

①隐患现状。

怀化南站西侧咽喉区范围内存在一条油气管道，沿湖天南大道东侧自北向南依次穿越龙怀联络线、沪昆高铁、怀衡铁路、张吉怀高铁，管道建设于2010年，与铁路交角90°，油气管线位于站场岔区下方，不符合《铁路工程设计防火规范》(TB 10063—2016)第4.3.1条的规定。

②隐患产生原因。

2010年管道建设时，位于沪昆高铁线桥梁下方，相关技术指标符合规范要求。2021年，怀化南站改接入怀衡铁路、张吉怀高铁、龙怀联络线，咽喉区位置向站场西侧外移，油气管线位于站场岔区下方(受影响道岔沪昆高铁12号，怀衡铁路237号、241号，张吉怀高速245号、233号)，不再满足TB 10063—2016的要求。

(2)隐患危害程度和整改难易程度分析

①隐患危害程度分析。

一是铁路方面，怀化南站为特等站，站台规模15台19线，是沪昆高铁、怀衡铁路、张吉怀高铁交汇的枢纽站点。如发生燃气泄漏、爆炸等安全事故、事件，对运输影响重大，严重危及旅客列车运行安全。二是油气方面，该处管道为城镇燃气管道，属中压燃气管道，除下穿铁路站场咽喉区范围以外，其余各项指标满足设计规范要求，总体风险可控。

②整改难易程度分析。

根据迁改后的燃气管道下穿方案，为在怀化南动车走行A、B、C线下穿一个涵长45m的2m×2m框架护管涵。怀化南动车走行A、B、C线按高速铁路管理，因此需综合考虑施工与铁路运输的关系。根据现场实际情况采取工字钢架空线路后现浇框架，以保证工程进度与铁路运输的平衡。同时施工范围内相关电力、通信电缆较多，需提前进行迁改工作，还需对供电接触网拉线进行防护。该地段原址为怀化铁路基地用地，地下建筑垃圾较多，人工挖孔桩及线路架空后的开挖可能存在地质不良等情况。

(3)隐患排查记录

2021年7月21日，国铁集团安监局组织对新建张吉怀铁路进行运营安全评估前提前介入安全检查，发现该处问题，长沙高铁工务段将该隐患录入隐患库。

(4)隐患整治对接过程

铁路方通过电话、致函、面谈、“双段长”会议等多种手段与地方沟通协商，请求共同协商整治该处隐患，并多次组织设计方案审查，邀请路地双方专家研究设计方案。达成了一致意见，并明确了整治方案。

①2021年8月18日、9月10日，湖南省重点建设项目事务中心两次组织召开会议，专题协调怀化市湖天南大道北侧天然气管道迁改有关问题，形成《关于怀化市湖天南大道北侧天然气管道迁改的协调会议纪要》。

②2021 年 9 月 7 日，怀化市人民政府组织有关单位专题研究部署该项目迁改有关工作，明确了相关设计单位，形成《湖天南大道天然气管道迁改协调工作会议纪要》。

③2021 年 10 月 19 日，工务部会同沪昆客专湖南公司组织相关单位对铁四院提交的怀化南站燃气管道迁改工程设计方案进行了审查，并提出修改意见，形成《研究怀化南站燃气管道迁改工程设计方案》。

④2022 年 1 月 20 日，怀化市铁路建设协调指挥部组织会议专题协调该项目有关工作，形成《沪昆高铁怀化南站咽喉区燃气管道迁改工程项目协调会议纪要》，明确铁路与燃气公司有关设计、概算审核、施工及第三方安全评价等工作界面。

⑤2022 年 11 月 24 日，工务部组织有关单位对该项目进行现场踏勘并研究相关变更事宜，优化施工方案，形成《研究怀化南站咽喉区燃气管道迁改工程设计变更工作》。

⑥2023 年 3 月 2 日，工务部组织有关单位对该项目施工方案及施工条件进行明确，形成《研究沪昆高铁怀化南站咽喉区燃气管道迁改工程施工方案工作》，确保铁路行车安全万无一失。

(5)隐患报告情况

2023 年 7 月 11—13 日，国家铁路局铁路交通重大事故隐患专项排查整治第二督导组对广州局集团公司进行督导检查，广州局集团公司向督导组汇报该处隐患情况。

经研判分析，该处隐患符合《铁路交通重大事故隐患判定标准(试行)》(国铁安监规〔2023〕12 号)第六条第(三)款之规定，应纳入铁路交通重大事故隐患。

2023 年 7 月 6 日，长沙高铁工务段提报《怀化南站油气管线下穿旅客车站咽喉区安全隐患的申请报告》。

(6)隐患判定过程

①隐患判定依据。

a.《铁路交通重大事故隐患判定标准(试行)》(国铁安监规〔2023〕12 号)第六条第(三)款：铁路沿线环境重大事故隐患，是指在铁路沿线一定范围内从事违反法律法规规定的生产经营活动，极易直接导致列车脱轨、冲突、相撞、火灾、爆炸重大及以上事故的隐患，有下列情形之一的(摘引部分内容)：(三)在高速铁路和旅客列车运行区段跨越、穿越铁路铺设，或者与铁路平行埋设，或者架设的油气管道不符合国家及行业相关规定的。

b.《铁路工程设计防火规范》(TB 10063—2016)第 4.3.1 条：甲、乙、丙类液体和可燃气体管道不应在车站两端咽喉区范围内及动车段(所)、机务段(所)、车辆段(所)内穿越或跨越铁路；其中在铁路编组站、旅客车站两端咽喉区范围内及动车段内严禁穿越或跨越铁路。

②隐患治理责任。

根据《中华人民共和国石油天然气管道保护法》《铁路安全管理条例》等相关法律法规规定，由于铁路建设在后，所以造成的油气管线迁改等治理责任应由铁路运输企业负责。

产权单位及上级管理部门应全力做好隐患治理的方案审查、施工协调、管道施工等工作。

(7)隐患判定结果

2023年8月24日,国铁集团安委会办公室下发《关于进一步加强铁路重大事故隐患排查整治的通知》(安委办函〔2023〕16号),其中该处隐患经国铁集团同意,已纳入第一批铁路重大事故隐患。

3)隐患治理方案

(1)治理目标和任务

将管道迁出怀化南站咽喉区范围外,使其符合国家及行业相关规定,保障铁路及油气管道运输安全。

(2)采取方法和措施

①工程措施:原管道自湖天大道与张吉怀高铁下方南侧接驳,自南向北采取管道直埋依次穿越张吉怀右线(K244+911,跨湖天南大道特大桥7号-8号墩)、渝怀线(K12+630,跨湖天南大道特大桥7号-8号墩)、张吉怀左线(K244+779,跨湖天南大道特大桥8号-9号墩),向东侧转向后,再向北采取框架涵依次穿越动车走行线C(K0+610)、动车走行线B(K0+647)、动车走行线A(K0+670),转向后向北采取管道直埋依次穿越沪昆上行联络线(K2+300,跨湖天南大道特大桥,34号-35号墩)、沪昆高速(K1416+850,跨焦柳铁路桥18号-19号墩)、沪昆下行联络线(K2+320,跨湖天南大道特大桥,35号-36号墩),最终沿锦园路、高堰路敷设至湖天大道与已建管道连接。

②管道迁改长度共1458m,管道设计压力:0.4MPa,管道材质:直缝焊接钢管$D355.6\times7.9$,材质L290,在铁路红线范围内的主要工程量为新建框架涵及套管保护等通道。直埋段埋深不低于1.2m,加盖钢筋混凝土护管盖板及警示带。

③原湖天大道穿越铁路立交涵洞段(存在安全隐患地段)全线废除,废除管道放散后吹混凝土封存。燃气管道穿行铁路红线范围内路径如图19-21所示。

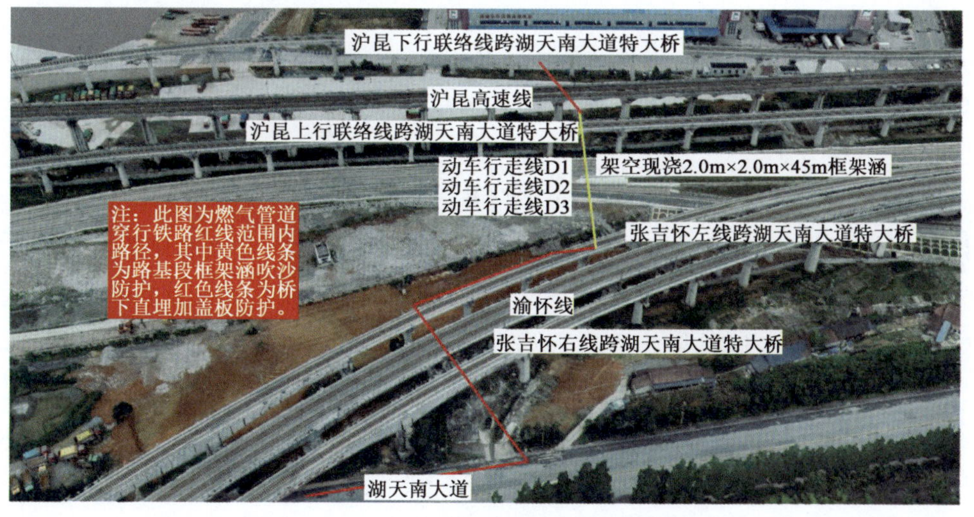

图19-21 燃气管道穿行铁路红线范围内路径

(3)经费和物资的落实

沪昆高铁怀化南站咽喉区燃气管道迁改项目列广州局集团公司技术改造项目，由沪昆铁路客运专线湖南有限责任公司出资。

(4)治理机构和人员

为全面做好铁路重大安全隐患整治工作，广州局集团公司组织相关单位成立安全隐患整治工作组。

具体至本隐患整治小组，组长由长沙高铁工务段主管领导担任。成员由湖南省铁路安全环境隐患综合治理指挥部、怀化新奥燃气公司、新地能源工程技术有限公司、铁四院、怀化铁路工程有限公司及各相关单位主要负责人组成，路外由怀化市住房和城乡建设局主管，怀化市铁路安全环境整治工作领导小组办公室具体负责对接协调。广州局集团公司层面，由副总经理负责统筹指挥，安监室、工务部为牵头责任部门，指导责任单位做好隐患整治工作。

迁改工程红线范围外委托怀化新奥燃气公司代建管理，新地能源工程技术有限公司作为设计单位，长沙高铁工务段负责工程监督；红线范围内由长沙高铁工务段作为项目执行单位，铁四院作为设计单位，怀化铁路工程有限公司作为施工单位。

(5)治理时限和要求

项目拟于 2023 年 8 月 30 日前整治完成，由工务、安监等相关部门与地方政府部门、产权单位共同组织对项目进行联合验收，验收合格后方可通气运行。

(6)隐患未消除前的安全措施

隐患未消除前，长沙高铁工务段加强与施工单位、产权单位对接，一是建立联合巡查机制，每个星期一次地表巡查、每个季度一次下井全面检查。遇紧急情况，按照应急方案共同进行应急处置；二是通过产权单位 GIS 系统对管道压力进行实时监控；三是根据隐患整治进度，及时向路地双方有关部门通报有关情况，对工程推进存在问题及时汇报进行协调处置。

(7)应急预案

按照《广州局集团公司突发事件总体应急预案》《怀化新奥燃气公司应急预案》等相关规定，切实加强路地相互联系，建立应急联系保障机制，切实保障反应及时，处置迅速。针对不同阶段采取以下处理方法：

①油气管道发生泄漏、燃烧、爆炸等可能危及行车安全事故。燃气管道公司应熟练掌握铁路险情及突发事件报警电话，铁路单位应掌握燃气管道公司电话，并互通联系人名单。发现突发事件，应及时互相通报相关情况，依照事件等级，明确应急处置指挥人员和联系人员，共同制定应急处置方案，提出各自安全需求，及时通报应急处置情况。

铁路部门相关应急处置措施比照《广州局集团公司行车突发事件应急预案(暂行)》(广铁运发〔2020〕48 号)、《广铁集团工务行车突发事件应急处置预案》(广铁工发〔2018〕186 号)、《广州局集团电务系统行车突发事件应急预案》(广铁电发〔2019〕2 号)、《广铁集团高速铁路接触网故障抢修工作实施细则(修订)》(广铁供电发〔2018〕146 号)的要求执行。

单位应急处置措施比照本公司制定应急管理办法、应急预案执行。

②在迁改工程实施过程中发生可能危及行车安全事故。燃气管道迁改工程应制订施工组织方案，并在方案中明确应急预案。如发生路基塌方、胀轨、防洪等应急突发事件，按照应急预案及广州局集团公司、燃气公司相关规定进行处置。

4）隐患治理过程

①2021 年 9 月 22 日，路地双方就迁改方案达成一致意见。

②2021 年 10 月 8 日，铁四院完成设计工作。

③2021 年 11 月 17 日，方案由专家进行评审。

④2022 年 1 月 10 日，完成第三方安全评估。

⑤2022 年 3 月 7 日，第三方完成预算审查。

⑥2022 年 5 月 20 日，图算送审工务部、计统部。

⑦2022 年 6 月，下达正式计划。

⑧2023 年 4 月 7 日，正式进场实施。

沪昆高铁怀化南站咽喉区城镇燃气管线下穿重大安全隐患治理现场如图 19-22 所示。

图 19-22 沪昆高铁怀化南站咽喉区城镇燃气管线下穿重大安全隐患治理现场

⑨2023 年 8 月 28 日，因地方产权单位弯管等材料配件未到位，申请延期至 9 月底。

⑩2023 年 9 月 28 日，全部工程完工，原有管道注浆封存，新建管道完成通气（图 19-23）。

⑪2023 年 9 月 28 日，申请销号。

5）隐患验收销号情况

（1）隐患治理验收情况

2023 年 9 月 30 日，整改责任单位长沙高铁工务段汇报，迁改工程已全部完成，申请验收销号。2023 年 10 月 10 日，工务部组织相关单位领导、专业技术人员进行现场检查、确认把关后，工程按照设计要求已全部完成，隐患资料档案报广州局集团公司安委会办公室。经安委会办公室审核通过，报请广州局集团公司主要领导审批后，成立隐患整治验收组。10 月 31 日，组织进行专项验收，经验收组对现场设备及台账资料验收后，研究确定，该项铁路重大安全隐患已完成整改,符合销号条件,建议销号。

图 19-23 新建管道完成

(2)隐患销号情况

①2023 年 11 月 10 日,致函广州铁路监督管理局《关于申请怀化南站油气管线下穿旅客车站咽喉区重大事故隐患验收销号的函》,申请销号。

②经广州铁路监督管理局检查验收,认定该项重大事故隐患已按规定完成治理验收同意销号[《关于中国铁路广州局集团有限公司怀化南站油气管线下穿旅客车站咽喉区重大事故隐患整治销号的通知》(广铁监安办函〔2023〕84 号)]。

19.19.2 京广线 K1855 +602 高亭司立交桥重大安全隐患整治

1)隐患基本情况

京广线 K1855 +602 高亭司立交桥位于湖南省郴州市永兴县高亭司镇永华村,产权单位为永兴县高亭司镇人民政府,管养单位为永兴县公路建设养护中心。所在道路类型为乡村道路(Y449 线),道路等级为四级。该跨线桥建设于 1983 年,与京广线交角 90°,为 1 ~20m 钢筋混凝土 T 梁,浆砌片石桥台。该座桥检测鉴定结果为五类危桥(图 19-24)。

图 19-24 京广线高亭司立交桥重大安全隐患整治前

2)隐患判定依据

《铁路交通重大事故隐患判定标准(试行)》(国铁安监规〔2023〕12 号)第六条第(四)款:

第六条 铁路沿线环境重大事故隐患,是指在铁路沿线一定范围内从事违反法律法规规定的生产经营活动,极易直接导致列车脱轨、冲突、相撞、火灾、爆炸重大及以上事故的隐患,有下列情形之一的:

(四)高速铁路和旅客列车运行区段两侧的杆塔等高大设施,公跨铁桥梁、公铁并行道路、渡槽等设备设施(含防护栏、防抛网等附属设施)及日常管理不符合国家及行业相关规定的。

3)隐患判定结果

2023 年 8 月 24 日,国铁集团安委会办公室下发《关于进一步加强铁路重大事故隐患排查整治的通知》(安委办函〔2023〕16 号)。该处桥梁隐患经国铁集团同意,纳入第一批铁路重大事故隐患。

4)隐患治理过程

2023 年 11 月 24 日,广州铁路监督管理局联合湖南省交通运输厅组织广州局集团公司、郴州市人民政府召开京广普速铁路公跨铁桥梁重大事故隐患整治工作协调推进会议,明确该座桥委托第三方检测机构开展检测评估,如具备维修加固整治条件,则通过维修加固整治方式消除桥梁安全隐患。

2024 年 1 月 24 日,工务部牵头组织路地双方相关部门及单位召开京广线 K1855 +602 高亭司立交桥隐患整治工程设计方案审查会,同意设计单位提报的整治工程加固设计方案。

2024 年 4 月 1 日,衡阳工务段与属地政府永兴县人民政府签订整治协议。

2024 年 4 月 10 日,衡阳工务段组织施工进场实施。

2024 年 6 月 30 日,施工主体整治内容均已完成,隐患整治责任单位衡阳工务段申请销号。

5)隐患治理验收情况

2024 年 6 月 25 日,隐患整治责任单位衡阳工务段汇报,高亭司桥安全隐患整治工程已全部完成,申请验收销号。2024 年 6 月 27 日,工务部组织相关单位领导、专业技术人员进行现场检查、确认把关后,工程按照设计要求已全部完成,隐患资料档案报广州局集团公司安委会办公室。经安委会办公室审核通过,报请广州局集团公司主要领导审批后,成立隐患整治验收组。7 月 22 日,组织进行专项验收,经验收组对现场设备及台账资料验收后,研究确定,该项铁路重大安全隐患已完成整改,符合销号条件,建议销号。

6)隐患销号情况

2024 年 8 月 7 日,致函广州铁路监督管理局《关于申请京广线 K1855 +602 高亭司立交桥安全隐患验收销号的函》,申请销号。

2024 年 8 月 14 日,经广州铁路监督管理局检查验收,认定该项重大事故隐患已按规定完成治理验收,同意销号[《关于中国铁路广州局集团有限公司京广线 K1855 +602 高亭司立交桥重大事故隐患整治销号的通知》(广铁监安办函〔2024〕52 号)]。

19.19.3 京广高铁 K1703 +120 老欧阳海公路桥重大安全隐患整治

1)隐患基本情况

京广高铁 K1703 +120 老欧阳海公路桥位于湖南省衡阳市衡东县新塘镇欧阳海村,产权单位为新塘镇人民政府,管养单位为衡东县公路建设养护中心。该座跨线桥始建于 1967 年,1970 年建成通车。建设初期为 G107 国道,后续国道改道。目前所在道路类型为专用道路(Z015),道路等级为四级。该座桥与京广线正交,为 1 ~ 12m 混凝土肋拱桥。该座桥检测鉴定结果为五类危桥(图 19-25)。

图 19-25 京广高铁 K1703 +120 老欧阳海公路桥重大安全隐患

2)隐患判定依据

《铁路交通重大事故隐患判定标准(试行)》(国铁安监规〔2023〕12 号)第六条第(四)款:

第六条 铁路沿线环境重大事故隐患,是指在铁路沿线一定范围内从事违反法律法规规定的生产经营活动,极易直接导致列车脱轨、冲突、相撞、火灾、爆炸重大及以上事故的隐患,有下列情形之一的:

(四)高速铁路和旅客列车运行区段两侧的杆塔等高大设施,公跨铁桥梁、公铁并行道路、渡槽等设备设施(含防护栏、防抛网等附属设施)及日常管理不符合国家及行业相关规定的。

3)隐患判定结果

2023 年 8 月 24 日,国铁集团安委会办公室下发《关于进一步加强铁路重大事故隐患排查整治的通知》(安委办函〔2023〕16 号),其中该处桥梁隐患经国铁集团同意,纳入第一批铁路重大事故隐患。

4)隐患治理过程

2023 年 9 月 22 日,工务部会同广州铁路监督管理局与湖南省铁路安全环境整治办协调,一致同意对该座桥实施拆除。具体方案由路地双方进一步协商确定。

2023 年 10 月 1 日,衡东县新塘镇人民政府发布老欧阳海桥永久性封闭公告。2023 年 10 月 15 日,老欧阳海桥已全面封闭。

2023 年 11 月 24 日,广州铁路监督管理局联合湖南省交通运输厅组织广州局集团公司、衡阳市人民政府召开京广普速铁路公跨铁桥梁重大事故隐患整治工作协调推进会议,明确通过拆除不重建的方式消除安全隐患。

2023 年 12 月 1 日,衡阳工务段进场组织场地平整等施工前期准备工作,并配合地方完成水管、电缆等迁改工作。

2024 年 4 月 22 日,工务部按照Ⅰ级施工相关流程,向广州局集团公司申请组织召开Ⅰ级施工协调会议。

2024 年 5 月 29 日,国铁集团批复Ⅰ级施工计划《关于京广线欧阳海危桥拆除施工有关事项的通知》(调施工函〔2024〕50 号)。

2024 年 6 月 13 日,广州局集团公司组织Ⅰ级施工,由衡阳工务段拆除主拱圈。

2024 年 6 月 17 日,隐患整治责任单位衡阳工务段申请销号。

5)隐患治理验收情况

2024 年 6 月 17 日,隐患整治责任单位衡阳工务段汇报,老欧阳海跨线桥拆除工程已全部完成,申请验收销号。2024 年 6 月 27 日,工务部组织相关单位领导、专业技术人员进行现场检查、确认把关后,工程按照设计要求已全部完成,隐患资料档案报广州局集团公司安委会办公室。经安委会办公室审核通过,报请广州局集团公司主要领导审批后,成立隐患整治验收组。7 月 22 日,组织进行专项验收,经验收组对现场设备及台账资料验收后,研究确定,该项铁路重大安全隐患已完成整改,符合销号条件,建议销号。

6)隐患销号情况

2024 年 8 月 7 日,致函广州铁路监督管理局《关于申请京广线 K1703+120 老欧阳海公路桥安全隐患验收销号的函》,申请销号。

2024 年 8 月 14 日,经广州铁路监督管理局检查验收,认定该项重大事故隐患已按规定完成治理验收,同意销号[《关于中国铁路广州局集团有限公司京广线 K1703+120 老欧阳海公路桥重大事故隐患整治销号的通知》(广铁监安办函〔2024〕51 号)]。

19.20 公益诉讼案例

广东省佛山市南海区大沥镇南广贵广铁路大镇特大桥下部分红线土地被居民长期侵占，通过检察机关协调组织，多次召开“检察院 + 监管局 + 路地政府”隐患整治磋商会，佛山市南海区人民政府提供大力支持，于 2022 年 10 月完成桥下 4 万 m^2 停车场清理整治，保障了铁路运输安全。

广东省潮州市盛通物流有限公司侵占铁路用地维权案件，在案件处置遇到极大阻力的情况下，政府、检察院成立联合督导组，组织潮州市自然资源局、区管委会等单位召开 10 余次“检监企 + 路地企业”协调会，对非法侵占案进行检查和现场督导，督促地方政府和相关部门责成侵权方实施拆违工作。至 2022 年 5 月，历时 5 年，完整收回了被侵占的铁路用地约 99000m^2，拆除违建用地 57326m^2。

某施工企业新建道路下穿赣深高铁桥梁危害铁路运营安全案。该企业私自使用大型机械下穿高铁桥梁进行施工作业，易造成设备倾覆、破坏承重结构等危及铁路线路安全的隐患，铁路单位多次制止无效。在检察机关协调组织下，多次召开“检察院 + 监管局 + 路地企业”隐患整治磋商会，及时制止了非法施工，落实了安全防护措施，确保赣深高铁如期安全开通。

附录 依据的法律法规与标准规范

附录 1　国家法律法规

中华人民共和国安全生产法(2021 年修订)
中华人民共和国城乡规划法(2019 年修订)
中华人民共和国道路交通安全法(2021 年修订)
中华人民共和国道路交通安全法实施条例(国务院令第 405 号,2017 年修订)
中华人民共和国电力法(2018 年修订)
中华人民共和国防洪法(2016 年修订)
中华人民共和国公路法(2017 年修订)
中华人民共和国固体废物污染环境防治法(2020 年修订)
中华人民共和国航道法(2016 年修订)
中华人民共和国航道管理条例(国务院令第 545 号,2008 年修订)
中华人民共和国环境保护法(2014 年修订)
中华人民共和国建筑法(2019 年修订)
中华人民共和国矿产资源法(2024 年修订)
中华人民共和国民法典
中华人民共和国森林法(2019 年修订)
中华人民共和国石油天然气管道保护法
中华人民共和国水法(2016 年修订)
中华人民共和国水土保持法(2010 年修订)
中华人民共和国铁路法(2015 年修订)
中华人民共和国土地管理法(2019 年修订)
中华人民共和国土地管理法实施条例(国务院令第 743 号)
中华人民共和国无线电管理条例(国务院、中央军委令第 672 号)
中华人民共和国行政强制法
中华人民共和国治安管理处罚法(2012 年修订)
中华人民共和国桥区水域水上交通安全管理办法(交办海〔2018〕52 号)

附录 2　行业标准与规范性文件

铁道部运输局关于加强专用线道口管理的通知(运工线路电〔2012〕2520 号)
铁路安全管理条例(国务院令第 639 号)
铁路道口管理办法(铁总运〔2013〕121 号)
铁路道口管理暂行规定(经交〔1986〕161 号)
铁路电力设计规范(TB 10008—2015)
铁路工程爆破振动安全技术规程(TB 10313—2019)
铁路工程设计防火规范(TB 10063—2016)
铁路技术管理规程(高速铁路部分)
铁路技术管理规程(普速铁路部分)
铁路建设项目水土保持方案技术标准(TB 10503—2005)
铁路交通重大事故隐患判定标准(试行)(国铁安监规〔2023〕12 号)
铁路桥涵设计规范(TB 10002—2017)
铁路区间道口信号设备技术条件(GB 10494—2018)
铁路上跨道路立交桥涵限高防护架管理办法(TG/GW 212—2017)
铁路无线电管理办法(工信部、交通运输部令 2021 年第 56 号)
铁路线路防护栅栏(通线〔2023〕8001)
铁路沿线安全环境治理工作指南(2022 版)(国铁安监〔2023〕3 号)
铁路营业线施工安全管理办法(国铁运输监〔2021〕31 号)
安全生产事故隐患排查治理暂行规定(2007 年国家安全生产监督管理总局令第 16 号)
爆破安全规程(GB 6722—2014)
爆破作业单位资质条件和管理要求(GA 990—2012)
爆破作业人员资格条件和管理要求(GA 53—2015)
长输油气管道站场布置规范(SH/T 3169—2022)
城市道路交叉口规划规范(GB 50647—2011)
城市道路交通工程项目规范(GB 55011—2021)
城市工程管线综合规划规范(GB 50289—2016)
城市户外广告和招牌设施技术标准(CJJ/T 149—2021)
城市建筑垃圾管理规定(建设部令〔2005〕139 号)
城市生活垃圾管理办法(建设部令〔2007〕157 号)
城市市容和环境卫生管理条例(国务院令第 101 号,2017 年修订)

城镇供热管网工程施工及验收规范(CJJ 28—2014)
城镇供热管网设计标准(CJJ/T 34—2022)
城镇供热直埋热水管道技术规程(CJJ/T 81—2013)
城镇燃气管道穿跨越工程技术规程(CJJ/T 250—2016)
城镇燃气管理条例(国务院令第583号,2016年修订)
城镇燃气设计规范(GB 50028—2006)
村庄和集镇规划建设管理条例(国务院令第116号)
大中型沼气工程技术规范(GB/T 51063—2014)
单层卷材屋面系统抗风揭试验方法(GB/T 31543—2015)
道路交通标志和标线　第2部分:道路交通标志(GB 5768.2—2022)
道路交通标志和标线　第3部分:道路交通标线(GB 5768.3—2009)
道路交通标志和标线　第6部分:铁路道口(GB 5768.6—2017)
道路交通信号灯设置与安装规范(GB 14886—2016)
地下及覆土火药炸药仓库设计安全规范(GB 50154—2009)
地下水管理条例(国务院令第748号)
电动汽车电池更换站设计标准(GB/T 51077—2024)
电力设施保护条例(国务院令第239号,2011年修订)
电力设施保护条例实施细则(国经贸令1999年第8号,2023年修订)
风力发电场设计规范(GB 51096—2015)
钢结构工程施工质量验收标准(GB 50205—2020)
高速铁路安全防护管理办法(交通运输部令2020年第8号)
高速铁路安全防护设计规范(TB 10671—2019)
高速铁路工程测量规范(TB 10601—2009)
高速铁路桥下防护栅栏(通线〔2012〕8002)
高速铁路设计规范(TB 10621—2014)
公路工程技术标准(JTG B01—2014)
公路护栏安全性能评价标准(JTG B05-01—2013)
公路交通安全设施设计规范(JTG D81—2017)
公路交通安全设施设计细则(JTG/T D81—2017)
公路交通安全设施施工技术规范(JTG/T 3671—2021)
公路铁路并行路段设计技术规范(JT/T 1116—2017)
公路铁路交叉路段技术要求(JT/T 1311—2020)
公路与市政工程下穿高速铁路技术规范(TB 10182—2017)
关于公铁立交和公铁并行路段护栏建设与维护管理相关问题的通知(铁运〔2012〕

139 号）

关于进一步加强公路水路与铁路并行交汇地段安全隐患治理工作意见（国铁综安监〔2022〕7 号）

关于确定民事侵权精神损害赔偿责任若干问题的解释（法释〔2020〕17 号）

关于审理人身损害赔偿案件适用法律若干问题的解释（法释〔2022〕14 号）

关于审理铁路运输人身损害赔偿纠纷案件适用法律若干问题解释的决定（法释〔2021〕19 号）

关于中国移动通信公司在铁路用地范围内设置网络通信设备的意见（铁运〔2008〕184 号）

光气及光气化产品生产安全规范（GB 19041—2024）

国家电网公司输电线路跨（钻）越高铁设计技术要求（国家电网基建〔2012〕1049 号）

国家铁路局铁路安全风险分级管控和隐患排查治理管理办法（国铁安监规〔2023〕9 号）

国家铁路局铁路交通重大事故隐患判定标准（试行）（国铁安监规〔2023〕12 号）

国铁集团安全双重预防机制工作指南（试行）（铁办安监〔2019〕22 号）

国务院安委会办公室关于实施遏制重特大事故工作指南构建双重预防机制的意见（安委办〔2016〕11 号）

国务院办公厅关于印发交通运输领域中央与地方财政事权和支出责任划分改革方案的通知（国办发〔2019〕33 号）

关于加强铁路沿线安全环境治理工作的意见（国办函〔2021〕49 号）

国务院关于保护铁路设施确保铁路运输安全畅通的通知

高速铁路安全防护管理办法（交通运输部令 2020 年第 8 号）

国有土地上房屋征收与补偿条例（国务院令第 590 号）

化工企业总图运输设计规范（GB 50489—2009）

机动车运行安全技术条件（GB 7258—2017）

建筑金属板围护系统检测鉴定及加固技术标准（GB/T 51422—2021）

建筑设计防火规范（GB 50016—2014）

建筑物、水体、铁路及主要井巷煤柱留设与压煤开采规范（安监总煤装〔2017〕66 号）

关于铁路沿线安全环境管理“双段长”制实施指导意见（国铁安监〔2021〕6 号）

交流电气化铁路对油（气）管道干扰的防护（TB/T 2832—2021）

金属非金属矿山安全标准化规范　尾矿库实施指南（KA/T 2050.4—2016）

精细化工企业工程设计防火标准（GB 51283—2020）

铝镁粉加工粉尘防爆安全规程（GB 17269—2003）

埋地钢质管道阴极保护技术规范（GB/T 21448—2017）

民用爆炸物品工程设计安全标准（GB 50089—2018）

内河航标管理办法(交通部令1996年第2号)

内河通航标准(GB 50139—2014)

内河助航标志(GB 5863—2022)

农用薄膜管理办法(农业部令2020年第4号)

汽车加油加气加氢站技术标准(GB 50156—2021)

氢气使用安全技术规程(GB 4962—2008)

取水许可和水资源费征收管理条例(国务院令第460号,2017年修订)

燃气工程项目规范(GB 55009—2021)

森林防火工程技术标准(LYJ 127—1991)

生产建设项目水土保持技术标准(GB 50433—2018)

生活垃圾填埋场污染控制标准(GB 16889—2024)

石油化工企业设计防火标准(GB 50160—2008)

石油库设计规范(GB 50074—2014)

石油天然气工程设计防火规范(GB 50183—2015)[暂缓实施]

输气管道工程设计规范(GB 50251—2015)

输油管道工程设计规范(GB 50253—2014)

水土保持工程设计规范(GB 51018—2014)

天然气液化工厂设计标准(GB 51261—2019)

危险化学品安全管理条例(国务院令第591号,2013年修订)

危险化学品经营企业安全技术基本要求(GB 18265—2019)

危险化学品生产装置和储存设施风险基准(GB 36894—2018)

危险化学品生产装置和储存设施外部安全防护距离确定方法(GB/T 37243—2019)

违反《铁路安全管理条例》行政处罚实施办法(交通运输部令2013年第22号,2021年修订)

尾矿库安全规程(GB 39496—2020)

尾矿库安全监督管理规定(国家安全生产监督管理总局令2015年第78号)

温室覆盖材料安装与验收规范　塑料薄膜(NY/T 1966—2010)

无人驾驶航空器飞行管理暂行条例(国务院令第761号)

压型金属板工程应用技术规范(GB 50896—2013)

烟花爆竹工程设计安全标准(GB 50161—2022)

氧气站设计规范(GB 50030—2013)

冶金矿山排土场设计规范(GB 51119—2015)

液化石油气供应工程设计规范(GB 51142—2015)

油气长输管道工程施工及验收规范(GB 50369—2014)

油气输送管道穿越工程设计规范(GB 50423—2013)
油气输送管道穿越工程施工规范(GB 50424—2015)
油气输送管道跨越工程设计标准(GB/T 50459—2017)
油气输送管道与铁路交汇工程技术及管理规定(国能油气〔2015〕392 号)
油田油气集输设计规范(GB 50350—2015)
种植塑料大棚工程技术规范(GB/T 51057—2015)
66kV 及以下架空电力线路设计标准(GB 50061—2010)
110kV ~750kV 架空输电线路施工及验收规范(GB 50233—2014)
110kV ~750kV 架空输电线路设计规范(GB 50545—2010)

附录3　地方性管理要求

广东省铁路安全管理条例
湖南省铁路安全管理条例
海南省铁路安全管理规定
广州局集团公司铁路外部环境安全管理实施细则(广铁安发〔2023〕71 号)
广州局集团公司路外安全管理办法(广铁安发〔2024〕77 号)
广铁集团普速铁路防护栅栏管理办法(广铁工发〔2015〕321 号)
广铁集团高速铁路防护栅栏管理办法(广铁工发〔2015〕76 号)
广州局集团公司公铁并行路段护栏管理办法(广铁工发〔2022〕110 号)